C
B

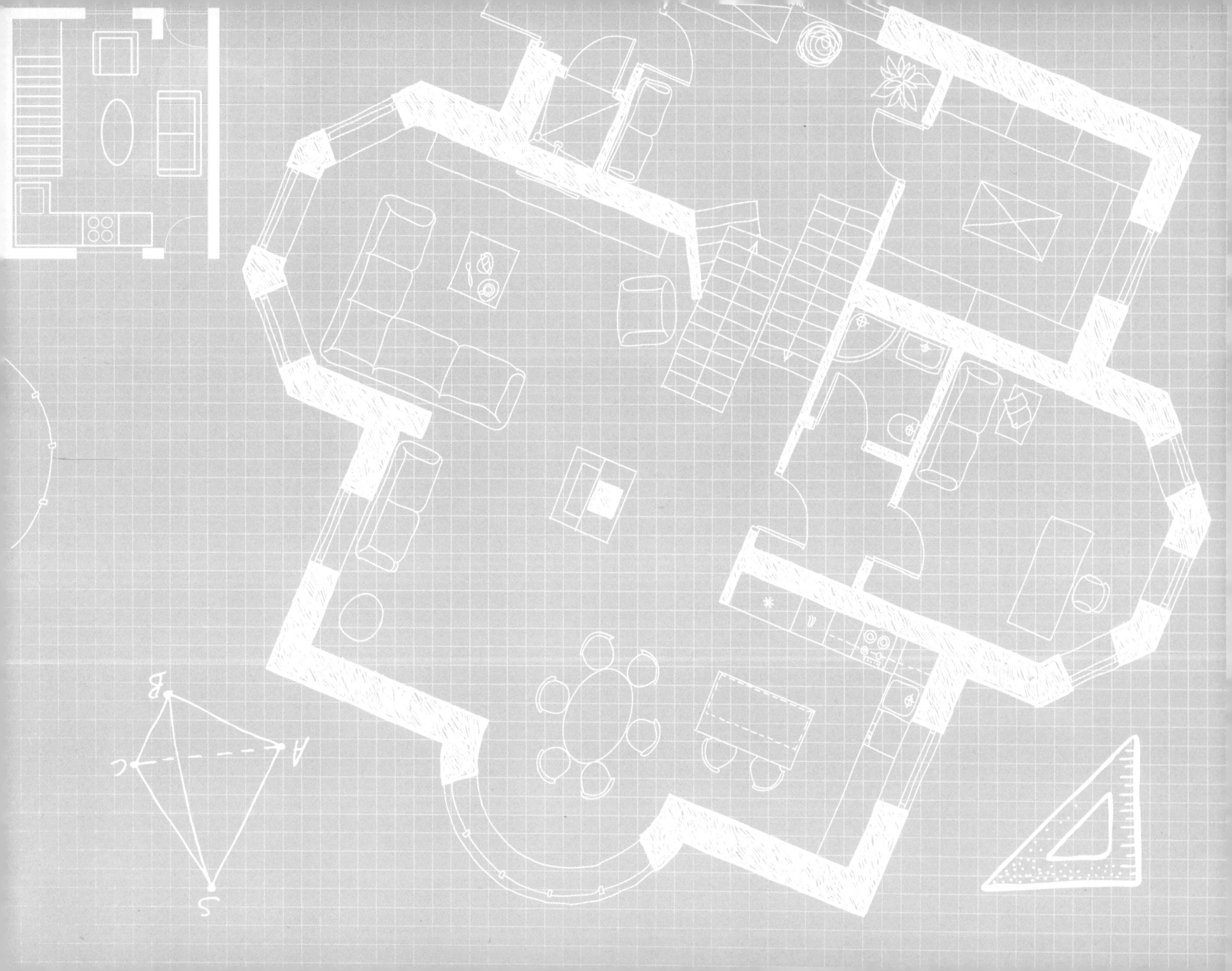
B
A
C
S

哟！建筑学超有趣

Cool Architecture

[英]西蒙·阿姆斯特朗 著
[英]达米恩·维西尔 绘
吕玉婵 译

云南出版集团
云南美术出版社

目录

欢迎来到《嘭！建筑学超有趣》

想象你从梦中醒来，独自站在一片旷野中，你的任务是要让周遭所有空间变得有意义。想象你可以盖房子，筑堡垒，兴建任何你想要的建筑。它可以很大，大到不行也没关系，也可以很小，颜色随你喜欢，形状由你来挑，用任何你想要的材料。你一根手指头也不用动——想象力会为你完成。

你的大脑会设计出什么来呢？要怎么盖……盖来做什么用呢？从最早人类以洞穴为家开始，从古埃及人到设计你现在正坐着的屋子的人，所有建筑师都面临着这些难题。建筑的发展是人类进化中不变的关键，建筑有各种形状大小，可以满足各种需求目的。不要不好意思说出口——建筑学就是这么有趣！

世界上每一栋建筑的出现都有其原因，有的要当住所，有的要做店铺、学校、宫殿或运动场地。当你开始仔细观察建筑，留意它们的建造者、居民、建筑工法和建筑目的，就会学到许许多多的历史，也可以一窥有关未来可能的宏伟计划。

你手中的书是一把魔法钥匙，可以开启名叫“建筑”的巨大城堡。快打开城门，从小处到大局，探索不可思议的工程壮举、巧思创意和人类建筑成就的极限。

希望这本书能协助你用更清晰、更敏锐的眼光观察周遭的建筑环境，说不定它还能鼓舞你，让你亲手设计打造一栋摩天大楼！人类永远需要建筑师，因为人类永远需要遮风避雨、工作游戏的空间。

好好享受这本书吧——快醒过来，开始在天空中建筑属于你自己的城堡吧！

每一个伟大的建筑师必然也是伟大的诗人，他必须对他所处的时代、生活和世道做出重大且具有独创性的解读。

——弗兰克 · 劳埃德 · 赖特

超有趣年表：建筑发展史

建筑有各种形状、大小、形式和主题。从人类第一次意识到睡在干燥的洞穴要比泥坑舒服许多以来，建筑已经累积了数千年的历史。下面是从古至今重要的建筑主题，让你的脑海中有个概念，明白这些主题是如何相互启发、影响和形成对照的。

罗马式建筑
（公元前509年—4世纪）

哥特式风格
（12世纪—16世纪）

巴洛克风格
（17世纪—18世纪）

东方主义
（17世纪— ）

新古典主义
（18世纪— ）

蓝图

从古至今，人对盖房子的选材不断进步，古代人用细枝、冰块、泥巴、黏土、石头、茅草和木材，现代人用水泥、混凝土、织物、泡棉、玻璃、石膏、金属和塑料。未来的房子又将会是用什么建造的呢？

跳脱思考框架

英语的 architecture（建筑学）源自希腊语 arkhitekton，意思是“首席建造者”。

装饰派艺术
（20世纪20年代—20世纪30年代）

包豪斯
（20世纪20年代—20世纪30年代）

粗野主义
（20世纪50年代—20世纪70年代）

现代主义
（20世纪）

后现代主义
（20世纪70年代— ）

怎样能画得跟建筑师一样好

开始盖房子前，必须先把想法画在纸上，画成让建筑工人一看就懂的草图和平面图。你可不希望房子盖没多久就倒塌吧？数百年来，建筑师发展出一种特殊的绘图风格传达想法，你也可以照着画画看。

打稳地基

建筑师画的线一眼就可以被认出来，是因为起笔收笔绝对不容马虎。在纸上画出清楚的直线，是一种从容慎重的风格，可以展现建筑师的自信与笔力。

1. 练习画出强而有力的线条。画线时，先让笔尖在纸上停顿一下，画好后笔尖再度停留片刻。

2. 掌握好力度，每条完整的线都必须一气呵成，千万不要用数截短线拼凑出一条线。

3. 你可以先画一条隐隐约约的线，然后在上头画上最后的实线。模糊的参考线条留在纸上没关系，它们让草图多了几分特色，因此没有必要擦掉。

跳脱思考框架

什么是蓝图？

在 19 世纪，建筑师开始利用感光纸快速复制绘图，让工程师和施工工人能够拿到相同的设计图。复制出来的图纸是蓝底白线条，很像原图的“底片”。这个方法到了 20 世纪仍旧有人使用，但现在已经被淘汰了，只是建筑师在讲到设计或建筑计划时，还是常常会使用“蓝图”两个字。

4. 线条相遇时，让它们重叠，这么一来草图会更完整、更清楚，拐角的地方也不会看起来松散或偏于圆润。

5. 全面发挥你的能力！千万不要仔细画好一部分再画下一部分，要放眼全景，把整幅图先大致画出来，再一点一滴将各个部位的细节补上，让整幅图同时完成。

蓝图

绘图之前，要先准备下面的基本建筑制图工具：

- 绘图笔
- 自动铅笔
- 彩色铅笔
- 削笔器：每支铅笔都必须随时保持尖锐！
- 三角尺
- 平行尺
- 三棱尺
- 圆模板
- 橡皮擦

吉萨金字塔群

印和阗，一个博学的埃及天才，通常被誉为世界第一个建筑师，被奉为神祇。他设计了世界第一大奇观：吉萨金字塔群。

打稳地基

古埃及人立下了大多数人心中金字塔经典设计的标准：巨大的纪念碑，正正方方的基座，光滑的四面三角侧墙在高点会合。吉萨金字塔群是现存最著名的早期金字塔，也许也是世界上最具代表性的第一个建筑奇迹！

更上层楼

超过 4500 年前，埃及人在吉萨附近兴建了三座金字塔，它们以埋葬在塔中的法老命名，分别叫胡夫金字塔、哈夫拉金字塔和门卡乌拉金字塔。成千上万的工人利用起重滑车吊放石块，每一座金字塔都花了大约 25 年的工夫才完工。

胡夫金字塔又叫大金字塔，高 146.5 米。周围另有几座小金字塔，那是胡夫法老家人的陵墓。人面狮身像也离大金字塔不远，这尊巨大的雕像有狮子的身体，顶着的却是一颗法老的头。

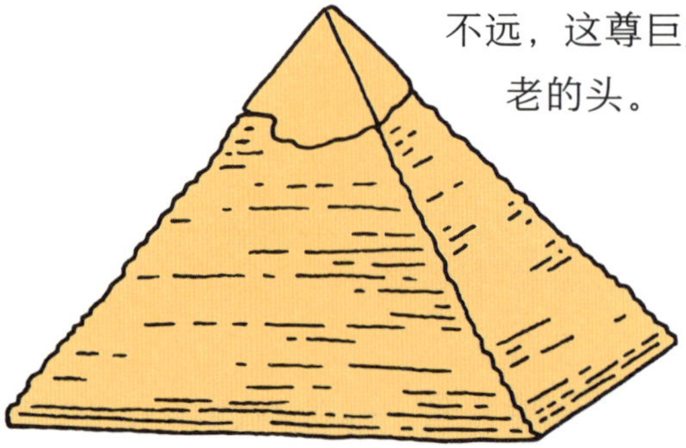

登峰造极！

每座金字塔的基座都是完美的正方形，每面三角侧墙也恰好对准东西南北四个方位。在当时科技不发达的条件下，怎么能够盖得丝毫不差呢？这个谜题直到 21 世纪都没有建筑师想出答案！

蓝图

公元前2500年建造（至今超过4500年！）

世界七大奇观中，吉萨金字塔群不只历史最悠久，也是唯一保存到今天的建筑。每座金字塔原本覆盖着白色的平滑岩块，在埃及的艳阳下会反射出金黄色光芒。但在14世纪左右，当地人拆下白色石块，挪去兴建起了其他建筑。

金字塔是如何建造的？只要六个简单步骤：

究竟古埃及人怎么盖出吉萨胡夫金字塔？答案众说纷纭，但我认为最后可以归纳出六个（超）简单步骤：

1. 整平地面
2. 校准直线
3. 兴建斜坡
4. 吊高石块
5. 采掘石材
6. 削割砌块

大金字塔最重的石头每块重达2250千克（4960磅——等于4匹骆驼的重量！），猜测是从超过800千米的远处运来的。从那么遥远的地方，就算只是搬一块石头，若没有机械的帮助，仍旧是比登天还要困难，而大金字塔居然总共用了230万块巨石！古埃及人的建筑、数学和科学知识必定相当丰富，才有办法盖出金字塔。金字塔至今仍旧存在，就是在向他们高超的本领致敬呢！

跳脱~~思考框架~~金字塔

印和阗兴筑了埃及第一批金字塔，也是第一位名留青史的建筑师。

由于他的建筑成就，埃及人将他奉为神明。从此以后，建筑师们都非常看重自己的工作！

维特鲁威人

印和阗是历史上第一个留下姓名的建筑师，不过写下现代建筑规章的则是他的罗马继承人（起码继承了精神）：马尔库斯 • 维特鲁威 • 波利奥。

打稳地基

据信，维特鲁威的《建筑十书》在公元前 15 年左右完成，是古罗马时代唯一流传下来的建筑著作，也是最早解释人体结构与建筑关联的作品。维特鲁威认为，建筑师的设计必须参考自己身体的对称和比例，并且归纳出一个要点：要营造 eurythmia（也就是优雅的氛围），建筑必须反映出自然法则。

更上层楼

维特鲁威认为建筑师设计时只要注意三个重点：

1

FIRMITAS

（坚固：建筑要耐得住风吹雨打！）

2

UTILITAS

（实用：要符合建筑的用途。）

3

VENUSTAS

（美观：也要漂亮好看！）

跳脱思考框架

说到创意，罗马人可厉害了！这群足智多谋的意大利人，率先发明了许多大受欢迎的东西。说句一点也不夸张的话：他们铺下了通往当代世界开端的道路。以下是古罗马人让人铭记在心的建筑发明：

- 研制导水管（公元前312年）。有了导水管，才有可能发明马桶啊！
- 发明报纸
- 马路和高速公路
- 混凝土
- 儒略历

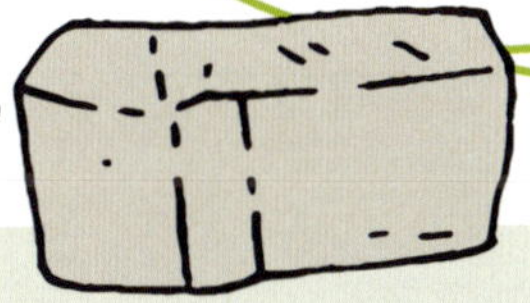

蓝图

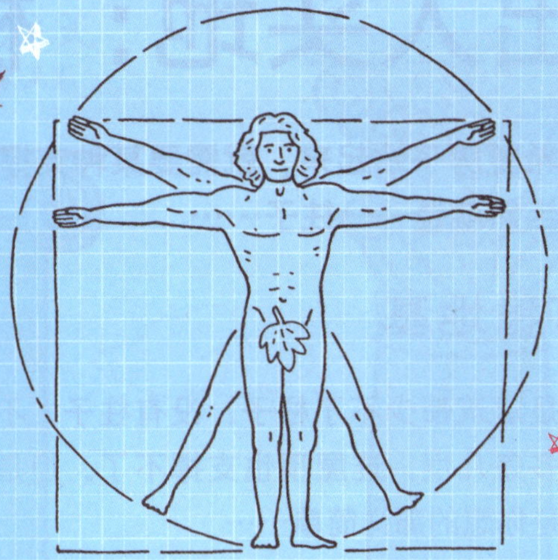

维特鲁威人

列奥纳多·达·芬奇——就是你知道的那一个！——在1490年画了一幅人体比例图，叫“维特鲁威人”。达·芬奇依据维特鲁威的见解，算出了人体的尺度比例，他相信身体每一个单独部位都是身高的若干分之一，例如从额头到下巴的长度一定是身高的十分之一，双臂往外张开的宽度一定等同身高。达·芬奇有句名言：“人是世界的典范。”他认为世界上每一件事都应该以人体为中心。

用光盖房子！

中世纪时，哥特式建筑在北欧兴起，天主教会在这个时期主导文化各个层面，所以最出色的哥特式建筑都是大教堂和修道院，也就没有什么好奇怪的。哥特式建筑讲究高度、光线和精准的比例！

打稳地基

12 世纪，一位名叫絮热的修士被推举担任圣但尼教堂院长。絮热相信最深奥的神意是通过光线传递的，所以在 1122 年翻修教堂时，他使用了大量色彩华丽与光洁的金属。他舍弃早年教堂阴暗庄严的风格，在四面八方装上大片的彩色玻璃窗，打造出首座哥特式教堂！

更上层楼

尖拱、石拱和飞拱都大幅提高了天花板的高度，给人一种教堂即将触及天堂的印象。这种建筑打动了教堂里的老百姓，使他们感到谦卑；上帝和天国之伟岸，令他们惊叹不已。这种风格的反响太好，以至于欧洲各地纷纷效仿，哥特式建筑风格随即成了接下来 300 年西方建筑的主流。

哥特式建筑有三个相辅相成的基本特点：

1

玫瑰花窗

12片玻璃花瓣向外放射，构成窗户的中心。十二是一个“神圣”的数字，与十二星座和十二使徒有关。

2

华丽的装饰

教堂的墙壁用圣徒、动物和怪兽状滴水嘴装饰。怪兽状滴水嘴有双重功能，一来让雨水顺着水管自嘴口排出，避免墙壁和入口变得潮湿，二来也可以阻止妖魔鬼怪闯入教堂。

3

叙说圣经故事

建筑的设计和装饰经常以圣经故事为本，彩色玻璃窗用图像呈现圣经故事，拱廊也嵌着圣徒雕像（叫作*relief*）。

跳脱思考框架

哥特式建筑最驰名的例子是巴伐利亚的因戈尔施塔特圣母教堂。以下是其他经典示例：

- 科隆大教堂，德国科隆
- 米兰大教堂，意大利米兰
- 巴黎圣母院，法国巴黎
- 坎特伯雷大教堂，英国肯特郡坎特伯雷
- 圣维特大教堂，捷克共和国布拉格

有了桥梁，生活更方便

没有桥梁，我们会动弹不得——这是比喻，也是实情。桥是人类为求进步运用技能、努力工作的最佳象征，桥往往不起眼，却是一个非常重要的建筑特色。有了桥，我们才能做生意，去旅行。桥将数以百万计的人连接起来。

打稳地基

桥有四种主要类型：

1.梁桥

梁桥施工最容易，桥面靠两端支撑，最适合用于短跨径。桥越长，中间就越容易弯折。如果需要更长的桥，最好还是造桁架桥。用树干或木板搭的独木桥，就是最简单的梁桥。

2.桁架桥

如果跨径不短，又希望造价不要过高，可以利用轻巧的三角形结构加强梁桥的支撑力。这种结构比一根简单的横梁坚固，而且重量均匀分散。你可以用蜘蛛网来想象，它必须非常坚固，同时也非常轻巧。

为什么拱桥能比梁桥跨越更长的距离呢？又为什么吊桥可以是拱桥的七倍长呢？答案在于每种桥梁处理压力和张力这两股重要力量的方式不同。建筑师设计出来的桥，要能承受这两股力量，同时不能弯折、断裂或坍陷成两截！

桥梁的原理

张力： 想象有一场拔河比赛。绳子会怎样？它承受着拉扯绳子的两队的张力。

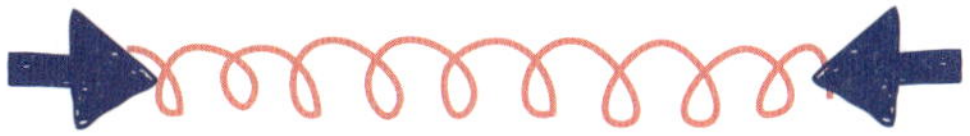

压力： 想象有一个弹簧，把它往下按会发生什么事？你压下去，将它压扁，它就变短了。

3.拱桥

这种桥很像颠倒的吊桥。桥面在上，支撑点在下。当桥梁承受重量时，拱形桥面会将压力传送到两侧，而不是让压力往下坠，所以桥可以承受千斤重却不会倒塌。

4.吊桥

这种风格的桥梁由固定在塔架上方的悬索支撑，这是修筑长桥的聪明之道，知名的示例包括旧金山的金门大桥和伦敦塔桥。

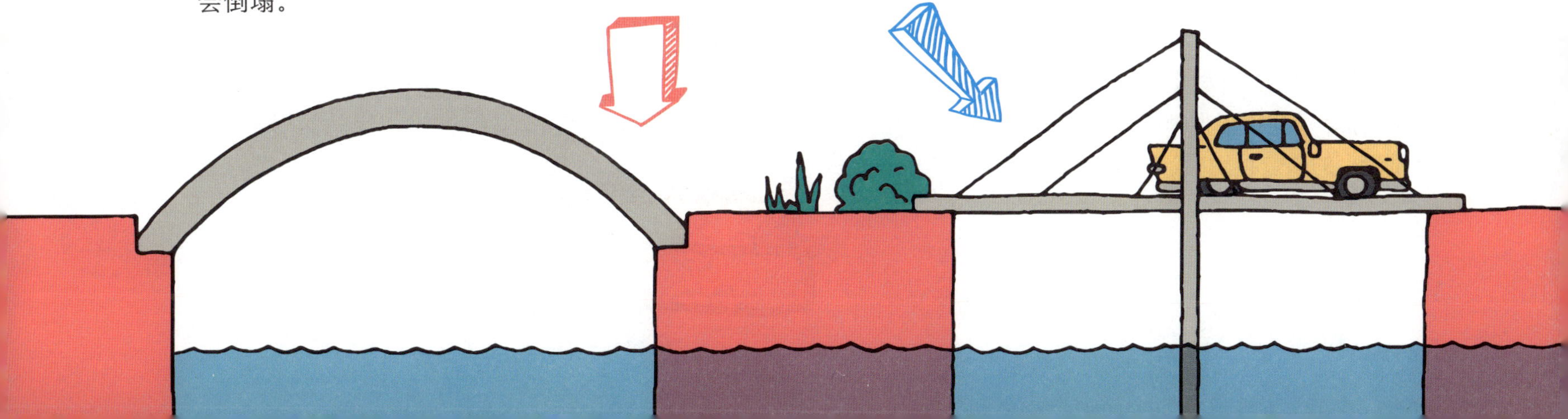

安德烈亚 · 帕拉第奥

文艺复兴时期（原文 Renaissance 是“再生”的意思）是 15、16 世纪的著名时代，在这个时期，艺术和科学发展超越了宗教。安德烈亚 · 帕拉第奥是当时对西方建筑影响至深的人物之一，他的作品表现了著名的文艺复兴时期的风格，并以对称、透视和古希腊、古罗马的古典价值为基础。

打稳地基

安德烈亚 · 帕拉第奥原名安德烈亚 · 德拉 · 冈朵拉，1508 年出生于意大利，13 岁开始当石匠学徒，在詹 · 乔治 · 特里西诺雇用他盖别墅之前，他从事石工和雕塑工作长达 30 年。在别墅工地，他接触到文艺复兴时期的文化，包括维特鲁威的建筑理念。

更上层楼

帕拉第奥毕生至少设计了 30 幢别墅，灵感全源自古罗马的乡间别墅。他最知名的作品是后人称为“圆厅别墅”的卡普拉别墅，影响了后世的许多建筑师。

登峰造极！

1570 年，帕拉第奥出版知名的论文集《建筑四书》。这本书是现代建筑规则的基石，对建筑发展非常重要，因此帕拉第奥时代之后的运动就以他为名——帕拉第奥式建筑。《建筑四书》赞颂古典建筑的简洁之美，其中包含许多帕拉第奥的亲笔设计。

这个地点很好，你不能期待找得到更宜人、更优美的地方，因为它就位于一座很容易爬上去的小丘斜坡上，翠山环抱，放眼望去好像一座广阔的剧场。大家都喜欢欣赏四面八方的美景，所以房屋四侧都盖了凉廊。

——帕拉第奥谈论圆厅别墅

跳脱思考框架

圆厅别墅是帕拉第奥最著名的作品，坐落在意大利维琴察郊区的小丘上，因中央圆形大厅完全对称的规划而得名。每个居室的比例都精准无比，完全依照帕拉第奥在《建筑四书》中提出的原则。别墅在山顶上朝南旋转 45°，让每个居室都能沐浴在阳光之中。

超有趣运动

巴洛克摇滚

17 世纪，意大利兴起了巴洛克建筑风格，巴洛克是先前文艺复兴时期的延伸，也是对文艺复兴时代的反动。

打稳地基

建筑中的古典元素现在以复杂许多的方式建造、组合，赋予建筑一种运动感和澎湃激昂的情感内涵。

Baroque 一词源自葡萄牙语，表示形状不规则的珍珠，但“巴洛克”在艺术、建筑和设计上代表着精巧奢华。

跳脱思考框架

洛可可

巴洛克风格在法国和德国演变为洛可可艺术风格。洛可可建筑富丽堂皇，少不了 S 形和 C 形曲线，伴随着贝壳、水果、花卉和涡卷等图案，亮色淡彩互相辉映。洛可可风格对建筑和设计（如家具和陶瓷）都具有深远的影响。

更上层楼

从根本和实践方面来说，巴洛克以新手法处理空间。文艺复兴时期的建筑主要注重几何和简单形状（立方体、三角形和圆顶），但是巴洛克添加了更多的细节，更加精致细腻。圆顶现在可以是椭圆形，线条未必要笔直，柱子可以扭曲，墙壁可以以弧面呈现。

著名的巴洛克风格示例：

无忧宫
德国波茨坦
（1745 年）

凯瑟琳宫
俄罗斯
（巴特罗密欧·拉斯特雷利重建，1752 年）

孤独城堡
德国
（菲利普·德·拉盖皮埃尔，1764 年）

登峰造极！

巴洛克风格火速从罗马散播到意大利和欧洲各地，尤其赢得王公贵族和教会的喜爱，他们兴建了许多这种风格的新教堂和宫殿，其中最金碧辉煌的是法国国王路易十四在巴黎近郊兴建的凡尔赛宫。

超有趣建筑

泰姬陵

17 世纪时，今日印度的大部分土地属于莫卧儿帝国，由强势的皇帝沙贾汗统治。1632 年，他第二任（也是最宠爱的）妃子穆塔兹·马哈尔在生下他们的第 14 个孩子时过世，沙贾汗伤心欲绝，勒令打造一座富丽的纪念碑来缅怀她。

打稳地基

泰姬陵由印度建筑师艾哈迈德·拉合里设计，耗时将近 20 年，动用了 2200 个工人才建造完成。整座建筑使用白色大理石，共有 22 座圆顶，4 座分散在地基边缘的高塔。高塔不是笔直的，而是外斜偏离主殿。这样的设计是考虑到，万一发生地震，高塔塌下也不会压到陵墓。

更上层楼

泰姬陵实在有趣，
但究竟有多么有趣呢？

1. 泰姬陵用了 28 种珍贵宝石装潢室内。

2. 泰姬陵的白色大理石非常容易受损，为了保护它不受空气污染，建筑方圆 2000 米内不许车辆靠近。

跳脱思考框架

泰姬陵在一天中不同时间会呈现不同色彩，清晨是浅粉色，傍晚是乳白色，入夜之后，在月光照射下，甚至是金色的！

3. 泰姬陵高 171 米。

4. 泰姬陵四面式样一模一样，所以每一侧面都像镜射图像。这个设计运用了几何结构自我复制的原理和对称的建筑元素。

5. 泰姬陵结合了三种建筑风格：印度、波斯和伊斯兰。

6. 泰姬陵是沙贾汗对马哈尔在天国住所的想象。

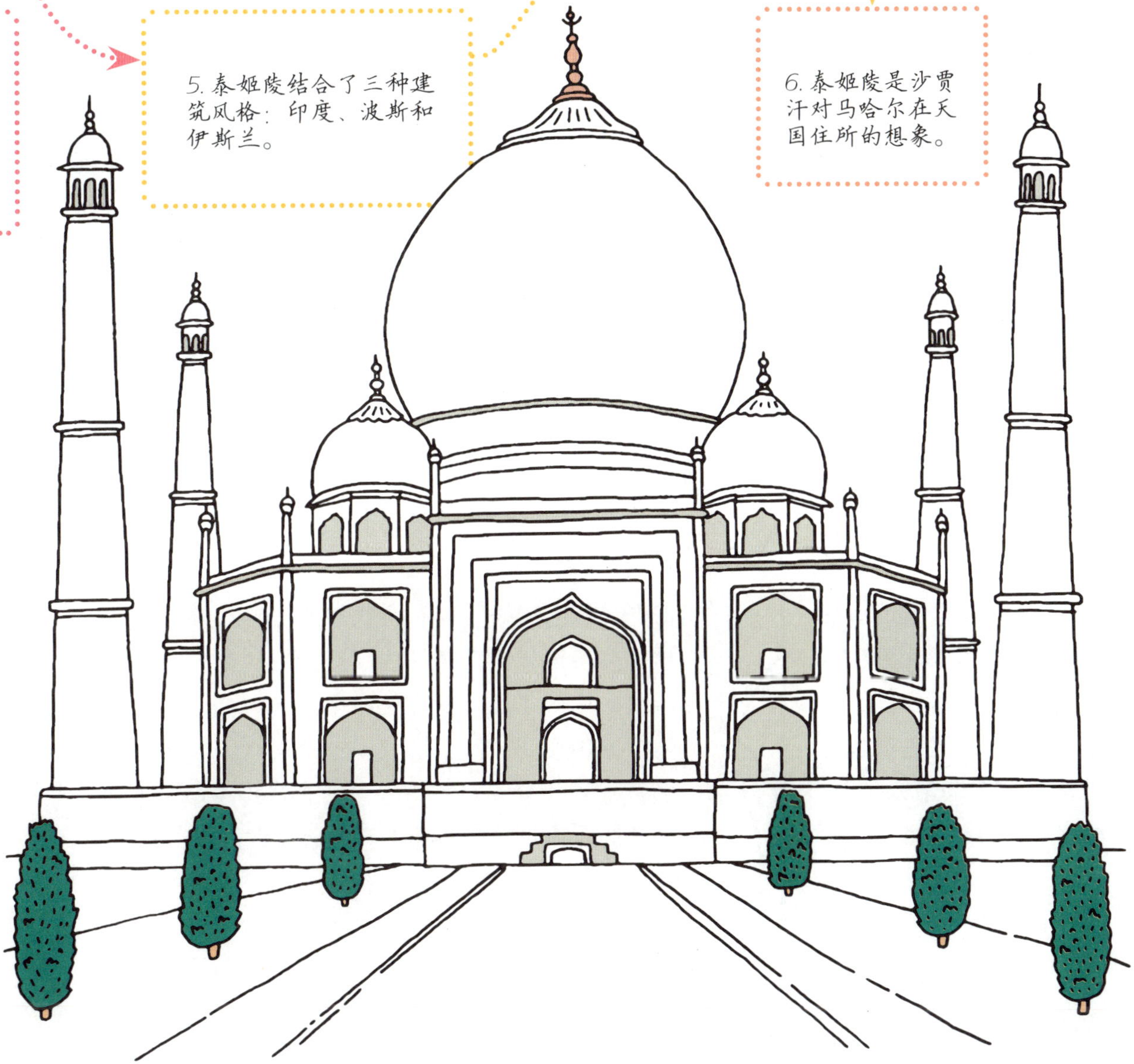

幸亏有了圆顶

圆顶是重大的建筑创新，罗马人率先使用，后来成了文艺复兴和新古典主义建筑的重要设计特征。

跳脱思考框架

很久很久以前，爱斯基摩人就发明了圆顶雪屋——说不定世界上第一个圆顶就是爱斯基摩人盖的。伦敦的千禧巨蛋是近年兴建的圆顶，建筑师是鼎鼎大名的理查德·罗杰斯。

打稳地基

在意大利文艺复兴建筑中，圆顶是许多大教堂的主要特征，其中最宏伟的是佛罗伦萨大教堂的圆顶，很多教堂建筑直接称为“Duomo”（意大利语“圆顶”的意思）。直到今日，我们仍旧常常使用、建造圆顶，只是施工方式越来越复杂。

更上层楼

球形、椭圆形或多边形的屋顶（比如圆顶）其实是一种拱顶（见第 62 页），这种屋顶可以界定建筑的内部空间，也能让外面的人一眼就看到建筑。在圆顶发明前，古代建筑几乎都靠柱子支撑。柱子达到了支撑屋顶的目的，却没有提供多少室内空间。圆顶解决了这个问题，因为它们的结构非常坚固，并且创造了大范围的开放空间——这一点对公共建筑而言非常理想。圆顶也很牢固，因为圆顶的压力沿着侧面而下，均匀分散开来。

登峰造极！

圆顶改变了建筑景观。让我们通过了解一些有趣的事实，来赞颂它们的伟大：

圆顶是我们所知最有效率的结构，比起其他建筑类型，圆顶使用较少材料，较轻，较坚固——毫无例外。

圆顶起码比其他形状建筑少了百分之三十的表面积，所以不管是降温还是供暖，起码可以节省百分之三十的能源。

你可以用鸡蛋来证明圆顶的强度：用大拇指和食指捏着鸡蛋顶端施压，鸡蛋不会破掉，但从鸡蛋中央施加同样的压力，鸡蛋很容易就破了。

蓝图

圆顶只有固定在地面时才会超级坚固，试试一个简单的实验：将乒乓球从中切开，变成两个圆顶。你会发现半个乒乓球松松垮垮，容易变形。接着，把这半个乒乓球粘在平坦的卡纸上，瞧，是不是变得坚固许多了呢？

超有趣运动

东方主义

17 世纪末，欧洲与中国、印度的贸易关系越来越紧密，欧洲人迷恋上“东方”的异国文化、风俗和商品。商人从东方将茶叶运送到西方，发了一笔大财，建筑师也引进许多中印建筑的主题、风格和图案。

更上层楼

英国建筑师威廉 · 钱伯斯爵士数度前往中国旅行，在 1757 年出版《中国建筑设计》，厚厚的书中有许多房舍、桥梁和庙宇的版画。当时英国大多数建筑师都不把东方主义当一回事，认为这是昙花一现的热潮。不过钱伯斯有高层的朋友，即将加冕为英王乔治三世的威尔士亲王，委托他在英国皇家花园盖一座中国宝塔，东方风格于是打下了稳固的根基。

打稳地基

突然之间，中国的宝塔、亭台、楼阁纷纷在欧洲各地时尚贵族的领地冒出，英国、法国、西西里和瑞典都有著名的东方主义建筑实例。

跳脱思考框架

有名的东方主义示例遍布世界各地，这三个最受欢迎：

1

无忧宫中国茶馆（1757年，波茨坦），为国王腓特烈二世所建。

2

卓宁霍姆宫中国亭（1769年，瑞典）

3

英皇阁（1818—1822年，英国布莱顿），为摄政王、后来的英国国王乔治四世所建。

建筑理论

建筑设计有很多理论和规则，
其中最重要的两个是实虚理论和图底理论。

图底理论

图画中代表任何形状或物体的是“图”，画纸的空间是“底”。举例来说，图可以是房子，底可以是一块地。图底理论的重点是，在设计建物时，应该考虑到图四周的地面，而非只考虑图本身。

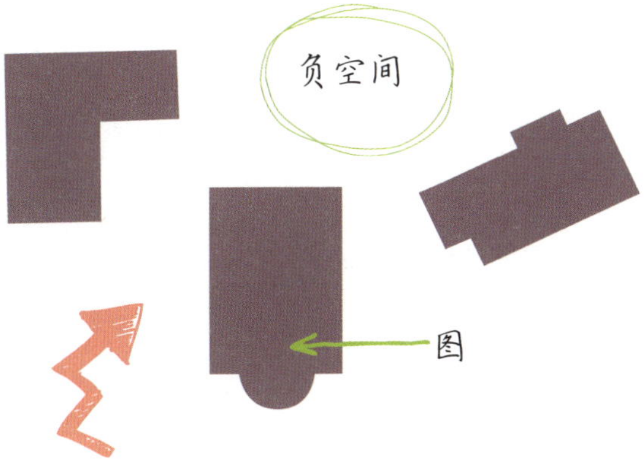

这三个图随机排列，
四周的空间没有组织，
所以叫“负空间”。

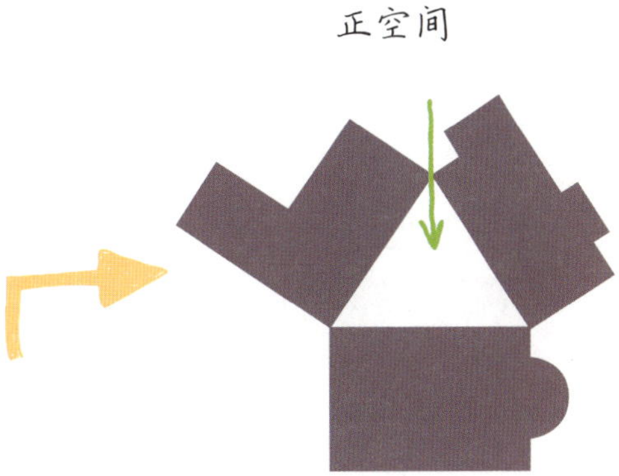

同样的三个图经过了安排。想象它们是三栋楼房，中间的三角形空间现在是“正空间”，说不定是花园或中庭。

所以我们现在明白了，经过适当的安排，就能妥善利用建筑周围的空间。

实虚理论

实虚理论从二维空间的图底理论发展出来，应用在三维空间上，处理的是空间的体积——新鲜的空气对上坚固的石头。不管建筑师盖了什么，对周围的开放空间一定都会造成影响。

所以，设计时必须考虑正空间和负空间。建筑周遭的空气像是建筑的“边框”，让它更醒目鲜明。在人口稠密的城市，建筑师会细心规划楼与楼之间的空隙和空间，以免阻挡光线，切断视线，让民众感觉受困或因为空间封闭而心神不定。要创造积极的都市环境，绝对不可以忘了实虚理论。

蓝图

图底理论最著名的例子是鲁宾的面孔/侧面错觉图。看看下方的插图——你看到了什么？是白色背景前方有两张黑色的脸？还是黑色背景上有一只白色花瓶呢？很不可思议，是不是？

体育与建筑

从文明发端以来，人总是聚集在大型体育场观看体育比赛。以下就要介绍两个相隔 2000 年建造的伟大体育建筑奇观。让它们一较高下，瞧瞧哪一个比较令人惊奇！开始决斗吧！

罗马斗兽场：不可不知的小趣事

1. 在超过 2000 年前是专为角斗士比赛兴建的体育场，之后的 500 年则是用来观看人兽厮杀的地方。斗兽场一度可以容纳 50000 名观众。

2. 数千年来，它多次变更用途。一开始是圆形剧场，后来成了住屋、碉堡、教堂，甚至墓地。现在是游览胜地。

3. 建筑周围共有 80 个出口，成千上万的观众在角斗士比赛结束后可以迅速离场。

4. 出口叫“vomitoria”，这个字就是“呕吐”（vomit）的字源，意思是“迅速退出”。按照设计，罗马斗兽场的观众可以在 10 分钟内全数撤离。

5. 古罗马斗兽场的兴建具有政治动机，目的是为了娱乐人民。另一个可能更重要的目标，是转移罗马人对当时更严重问题的注意力，例如寡头政治、任人唯亲、元老会与教会的腐败。

VS

鸟巢：不可不知的小趣事

1. 中国北京国家体育场鸟巢造价大约是 3.25 亿欧元。

2. 鸟巢的建筑师是赫尔佐格和德梅隆。两人设计鸟巢前，曾将伦敦泰晤士河河岸发电厂改建成了泰特现代美术馆，因此声名大噪。

3. 在中国文化中，数字 8 代表非常幸运，所以体育场在 2008 年 8 月 8 日晚间 8 点 08 分开幕！

4. 体育场是混凝土建筑，位于钢梁打造的“鸟巢”内，不过混凝土完全没有碰触到钢材。

5. 鸟巢的建筑设计被归于“表现主义现代建筑”。

瑞士建筑师赫尔佐格和德梅隆以破天荒式的设计打造鸟巢体育馆，许多建筑师承认或许数十年后也无人能超越其施工规格。体育馆的外层结构用了 42000 吨钢材——比伦敦 2012 年奥运体育馆重三倍。宛如“皮肤”的内侧双层塑料薄膜，既可以防风遮雨，又可以过滤长波紫外线。鸟巢的设计预计可以维持百年，八级强震来了也不怕！

三只小猪建筑指南

维特鲁威的建筑守则第一条：建筑一定要牢固。房子要是倒塌了，那就不能算是好房子了吧？让我们来看一看世界上最坚固——和最脆弱——的建筑，最后再来交换意见……

打稳地基

气候变化严重影响了全球天气，更别说地球上许多容易遭受极端天气状况影响的地区，所以建筑师开始联手反击，保护建筑不受大自然的伤害。随着科技进步，坚固耐用材料问世，无论大自然带来什么威胁，未来建筑一定能够挺得住。说到建筑，总是越坚固耐用越好。

在不久的将来，房子将用前所未见的新颖材料建造。世界上目前最强韧的材料是碳炔，这种巧妙的纳米材料比钢材坚固 200 倍，抗拉强度是另一种顶尖强韧材料石墨烯的 2 倍！

更上层楼

古代建筑师都是聪明的家伙，他们没有今时今日的科技，建筑还必须承受强烈大地震的破坏威力，尽管如此，中国古代的万里长城和许多建筑奇观却屹立了数千年！这其中的秘密就是超级牢固的糯米砂浆！中国古代建筑工人用高温锻烧当地开采的石灰石，添加糯米后和水搅拌均匀，石灰加上糯米，居然就变成了牢不可破的建筑材料！

登峰造极！

2011 年，里氏 9.0 级的恐怖地震撼动了日本，世人以敬畏的眼光看着栉次鳞比的巨楼矗立不倒。这全都是因为日本人是抗震科技的前锋部队。

地震发生时，房屋可能朝各种方向晃动　　上上下下晃动，不过主要还是左右摇摆。为了抵消这种横向运动，日本多数建筑会左右摆动来抵抗剧烈的晃荡。东京数一数二高的六本木新城森大厦高 238 米，遇到地震时，左右摇摆的幅度可以达到 3 米。

蓝图

这起事件成了全球头条：2013 年，孟加拉国达卡市萨瓦乡一栋大楼倒塌，死亡人数超过 1100 人。一般认为这起事故是当代人类历史上死伤最惨重的建筑倒塌灾难，8 层大楼在瞬间倒塌。当墙壁开始出现裂缝时，有人认为应该撤离大楼，可惜没有人把这句警语放在心上。

一家十分聪明的日本公司开始开发住宅抗震系统，只要利用气压装置，就能让住宅悬浮在地基上方，最多可以升高 3 厘米。地震来袭时，压缩机会自动启动，把大量空气灌入房屋底下，房子就会飘浮离地，直到地震结束，才又轻轻降回地基上！太神奇了！

路易斯·沙利文

生于 1856 年，公认是美国第一位真正的建筑师。在后人的记忆中，他打造了耸立着 300 座摩天大楼的芝加哥！沙利文是一名卓越的现代主义建筑师，排斥古典建筑，用钢铁取代笨重的石头，靠着钢铁盖出了耸入云霄的摩天大厦……

在他有生之年，沙利文的建筑师事务所建设了 256 项工程，包括芝加哥地标性建筑会堂大厦。沙利文非但不愿模仿历史风格，更另辟蹊径，创造新颖的细节。他相信写字楼外观应该反映内部结构和内部功能，如果要添加装饰，只能从大自然撷取灵感，而不是效仿历史里的古典建筑。

“从艺术角度思考办公大厦”，路易斯·沙利文，1896年

“这是一条通则，适用于有机和无机、有形和无形、凡人和超人的万物，适用于理智、情感和灵魂的真实表现。这条通则就是：在生命的表现形式上，生命清晰可辨，形式永远追随功能。这是唯一法则。”

打稳地基

沙利文提出“形式追随功能”这句名言，传达出西方建筑师摒弃装饰的潮流。阿道夫·路斯也强调“装饰即罪恶”，含括在建筑设计中的每样东西都必须具备实用功能。这个原则今日一般称为功能主义，可以追溯到声称建筑必须具备实用、美观和坚固三项特性的维特鲁威。

更上层楼

20 世纪初，沙利文的作品过时了，他濒临破产。在事业末期，他在美国中西部设计了几栋小型商业银行，不久就陈尸在芝加哥一间廉价旅社的居室内，孤单贫穷。他晚年十分凄凉，身后留下的建筑成就也荒废了。他一手打造的摩天大厦如今几乎荡然无存，倒是几家低矮的银行仍然存在。

路易斯 · 沙利文的作品常常与新艺术运动连在一起。新艺术的优秀实例出现在 20 世纪最初的 10 年。在苏格兰，查尔斯 · 马金托什设计了格拉斯哥艺术学院、希尔住宅和杨柳茶屋。在西班牙巴塞罗那，安东尼 · 高迪的两栋房子——巴特罗之家和米拉之家——是这种风格的卓越典范。维克多 · 霍塔也在比利时布鲁塞尔市中心建造了许多美丽的住宅和旅馆。

超有趣运动

新古典主义

18 世纪，新一代建筑师兴起，他们从希腊罗马的古式建筑风格撷取灵感。早期的先锋技术按照当代审美眼光重新评估修正，复苏再现……

打稳地基

新古典主义源自一个信念：前一段时期的巴洛克和洛可可风格带着建筑走入了歧途。如今，品味改变了，民众开始厌倦巴洛克和洛可可繁复奢华的细节。新古典主义走返璞归真路线，而且受到两件事的启发：一是启蒙运动塑造出崇尚理性思考的知性氛围，二是越来越多的考古发掘让建筑师重新发现、重新利用早期的工法和风格。

更上层楼

德国学者约翰·约阿希姆·温克尔曼到意大利旅行时，抽空欣赏罗马建筑，在 1770 年左右著书展示古希腊和古罗马的建筑风格。这本书大受欢迎，影响广泛，让古典风格又一次蔚为风潮，建筑师开始在欧洲各地重新创造这种风格。

蓝图

考古学这门新学问的出现，替新古典主义添了一份助力。在 18 世纪 30 年代，考古学家在庞贝和赫库兰尼姆找到令人振奋的发现，埋藏多年的出土文物拉近了人与历史的距离，与罗马希腊有关的事物通通再度流行起来！

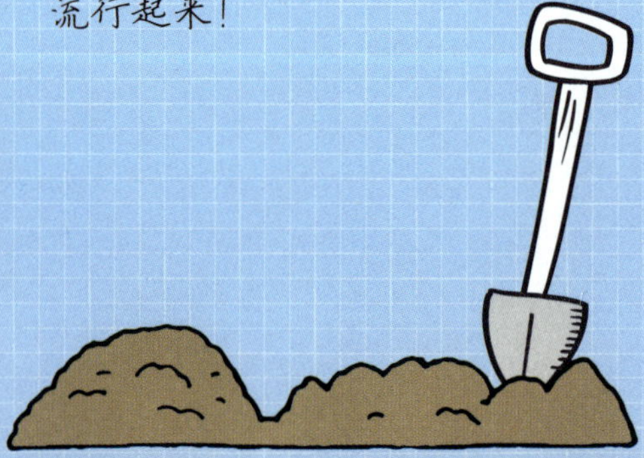

登峰造极！

新古典主义的精彩建筑典范包括：

1
万神庙（*1796*年，法国巴黎），雅克－日尔曼·苏夫洛设计

2
御林广场剧院（*1821*年，德国柏林），卡尔·弗里德里希·申克尔设计

3
大英博物馆（*1823—1846*年，英国伦敦），罗伯特·斯默克爵士设计

我们能够捕捉住古老而美丽的精神，透过我们无数的作品，为它注入新颖和变化。

——罗伯特·亚当

超有趣建筑

圣家堂

圣家堂，是西班牙巴塞罗那未完工的魁伟大教堂，也是世界上最不可思议的建筑。

打稳地基

1880 年左右，建筑师普遍有一种感受：太多建筑冷冰冰的，让人觉得不自在，尤其是工厂。新建筑看上去千篇一律，为了反制这一点，很多建筑师设法回归自然，用花卉藤蔓装潢住家，运用形形色色的风格图案为建筑增添特色，提高舒适感，仿佛建筑是从大地生长出来的，而不是硬生生盖在地面上。这种风格在不同地方有不同的名字，不过通常叫新艺术或工艺美术运动。

更上层楼

1883 年，西班牙建筑师安东尼 · 高迪在巴塞罗那开始兴造圣家堂时，把这些理念提升到全新的水平。这栋又名“穷人的教堂”的离奇建筑，看上去的确像是自然长出，而不是人力打造。高塔就像大树，楹柱如同枝干，而且这栋生命力旺盛的美丽建筑还在继续成长呢！

蓝图

高迪的建筑特点包括曲线、缤纷纹理和各种形状。就建筑风格而言，圣家堂采用了林林总总的繁杂特征，包括双回旋柱、直纹曲面、双曲面、双曲抛物面、螺旋面、圆锥和椭圆面。听起来是不是很像绕口令？不过这些名词只是教堂表面结构一连串的雕刻形状。

直线是人为的，曲线则属上帝。

——安东尼 · 高迪

登峰造极！圣家堂的小趣事：

开工百年后，建筑工人仍旧在工地，圣家堂还未完工。

预计将在2026年竣工——全世界只有这一栋建筑耗时143年才完成！

它也将是史上造价最昂贵的建筑，每年的施工费用超过200万欧元。

圣家堂从1883年开始兴建，从2010年起才被当作教堂使用。

计划将建造18座尖塔，其中一座高达170米，是欧洲最高尖塔。（等他们终于盖好的时候！）

教堂里面有多不胜数的植物石雕、螺旋楼梯与棱棱角角的奇怪空间，整体效果不像教堂，反而更像是丛林！

超有趣运动

装饰派艺术……向你问好！

1925 年，巴黎举办艺术博览会之后，装饰派艺术一词开始出现，形容 20 世纪 20 年代至 30 年代带有现代主义时髦风格的建筑。现代主义在当时是主流风格，推崇功能和简洁。

打稳地基

如果说古典主义是回归基本，反对修饰，装饰派艺术则是运用色彩、图案和现代线条，欣然接受了装饰。这种风格借鉴古典主义，使用几何图形，从埃及、阿兹特克和非洲艺术中撷取主题的灵感。

更上层楼

装饰派艺术为什么这么吸引人呢？因为它是现代第一个真正的装饰风格。这种奢华的新风格十分适合娱乐和休闲活动，所以被许多电影院、百货公司、旅馆和餐厅所采用。世界上最著名的两栋装饰派艺术建筑都在纽约：帝国大厦和克莱斯勒大厦。

登峰造极！

1939 年，第二次世界大战爆发，为装饰派艺术画下了句号。战争期间，新建筑项目搁置，战后重建计划则采用严肃庄重的现代风格，经历了触目惊心的战争后，大众开始认为装饰派艺术轻浮不合时宜。

“把装饰变得现代化！”

蓝图

简单介绍一下装饰派艺术的主要特征：

1. 用矩形块状排列出几何形状，中间经常穿插弯弯曲曲的装饰元素。
2. 装饰派艺术建筑总是用矮墙、尖顶或高塔装饰平屋顶。

弗兰克·劳埃德·赖特

作品丰富的美国建筑师弗兰克·劳埃德·赖特出生于1867年，在美国威斯康星州的舅舅家的农场长大。在农场里，他发掘了荒野和自然之美，这段童年影响了他日后的建筑作品，他设计与气候、景观和周边自然特征融为一体的建筑，渐渐打响了名声。

打稳地基

劳埃德·赖特形容自己的作品是“有机建筑”“局部之于整体，就如同整体之于局部”。他盖了很多屋子，最为人所知的也许是落水山庄。这栋房子是匹兹堡零售商埃德加·考夫曼和妻子莉莉安的周末度假别墅，劳埃德·赖特将别墅与大自然紧密结合，给考夫曼夫妇和自然环境融合为一的感觉。

更上层楼

落水山庄盖在林间瀑布上方，赖特从下方岩石上筑起石墙，把宽阔的阳台设置在瀑布上方。赖特原本在路易斯·沙利文手下工作，深受他的熏染，不过沙利文察觉赖特私下兼职，设计其他建筑，两人终究是不欢而散。

山庄的露台模仿下方岩层的样式。

赖特建造落水山庄只使用四种材料——砂岩、钢筋混凝土、钢铁和玻璃。

赖特选择与杜鹃落叶叶背相配的淡赭色混凝土。

装饰天空

纽约市中心的克莱斯勒大厦建于 1928 年，
是纽约摩天大楼中的摩天大楼，也是世界汽车制造龙头之一的总部。

打稳地基

建筑师威廉 · 范 · 阿伦接受委托打造纽约最气派的第一高楼。在 20 世纪 20 年代末期，美国盛行装饰派艺术，大厦的顶冠正是全球数一数二的装饰派艺术佳作。不只如此，整座建筑都是按照这个风格设计的。为了提醒众人克莱斯勒汽车制造霸业，大厦外头覆盖着不锈钢，保险杠、引擎盖车饰，甚至连轮毂盖都成了大厦的装饰品。

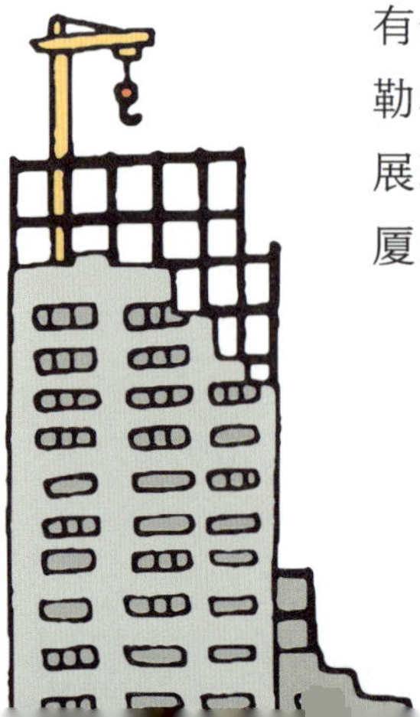

更上层楼

有一点对汽车制造商总裁沃尔特 · P. 克莱斯勒非常重要：大厦和施工的各个方面都必须展现克莱斯勒公司的工艺。基于这一点，大厦以一周增建四层楼的速度飞快建造！

登峰造极！

特朗普大楼在不远处兴建时，克莱斯勒大厦纽约第一高楼的地位岌岌可危，克莱斯勒于是在顶楼加盖一座 6 层高的钢铁尖塔，让大厦务必保住纽约最高建筑的称号——而且，这座尖塔只用了 90 分钟就盖好了！可惜的是，不到一年时间，它就输给了竣工的帝国大厦。帝国大厦高 381 米，比克莱斯勒大厦高出 62 米。

跳脱思考框架

整栋大厦用了大约 40 万根铆钉，以人力堆砌超过 400 万块砖头。另外，许多建筑元素反映了克莱斯勒的汽车帝国，比方说，在屋顶各个角落睥睨的知名老鹰雕塑，就令人联想起克莱斯勒以前一款汽车的车盖装饰。

蓝图

克莱斯勒大厦坐上纽约第一高楼宝座……才不到一年的时间。克莱斯勒大厦落成后，帝国大厦建筑师马上算了一算，判断他们可以盖 85 层，比克莱斯勒大厦多了 8 层。他们果然就盖了 85 层，在纽约高楼排行榜上，克莱斯勒大厦就这么被挤到第二名去了。

路德维希·密斯·凡德罗

路德维希·密斯是德国一位石雕匠的儿子。20 世纪 30 年代初期，纳粹禁止人民从事创造性艺术，于是他离开德国，前往美国定居。为了彻底转变，他把母亲的娘家姓 Rohe 与荷兰文的 van der 加到名字里。他在美国多年，事业有成，之后又返回了发迹的地方，在柏林兴建新国家美术馆。美术馆落成几周后，他就去世了。

打稳地基

在 20 世纪初，路德维希·密斯·凡德罗先接受石匠训练，因此精通了关于建材的实用知识。他日后走上建筑道路，担任德国包豪斯设计学院最后一任院长。在第二次世界大战爆发前夕，他移居美国，开始设计住家。他是一个大胆的建筑师，以惊人的手法运用金属和玻璃，很快建立起声誉。在他另一个未来愿景中——纽约市西格拉姆大厦——也能看到他出色地展现了这种手法。

更上层楼

他最知名的设计之一，是伊利诺伊州普莱诺的范斯沃斯住宅（1951 年落成）。这是一栋非常简单的长方形建筑，以钢柱从地面架高（该地区有遭遇洪水威胁的风险），前方有个露台。到目前为止，一切看来都很好，但是——每一面外墙都是落地玻璃做成的，简直像鱼缸一样！这种透明效果让建筑不会与景色相抵触，也使住在里面的人感觉像是生活在大自然中。谢天谢地，房子有窗帘！

如果你非常希望你的朋友因你对范斯沃斯住宅的认识而对你产生钦佩，赶快了解以下的事实！

范斯沃斯住宅用了 6 年时间设计兴建。

房子由混凝土地板与屋顶楼板组成，以横梁、大梁和支柱构成的钢骨构架支撑。

范斯沃斯住宅公认是包豪斯建筑典范，包豪斯风格在美国被称为国际风格，是办公建筑的首选。

艾迪丝·范斯沃斯不满意这栋房子，咬定这房子不能住人，一状把密斯·凡德罗告上了法庭。

超有趣运动

包—包—包—包—包豪斯！

包豪斯是最受全世界枯燥写字楼欢迎的风格，原文的字面意思是“房屋建筑”，完美概括了这场建筑运动“回归基础”的手法。虽然包豪斯主张去除所有装饰布置，但不见得房子一定会很无趣……

打稳地基

包豪斯建筑学派将艺术、工艺、设计与新机器时代结合，以简洁的几何图形为重点，只使用木头、金属和玻璃等材料，兼具前卫的外观和实用性。这个创意中心带起一场运动，成了全世界的灵感源头和被模仿的对象，所以包豪斯风格又叫“国际风格”。

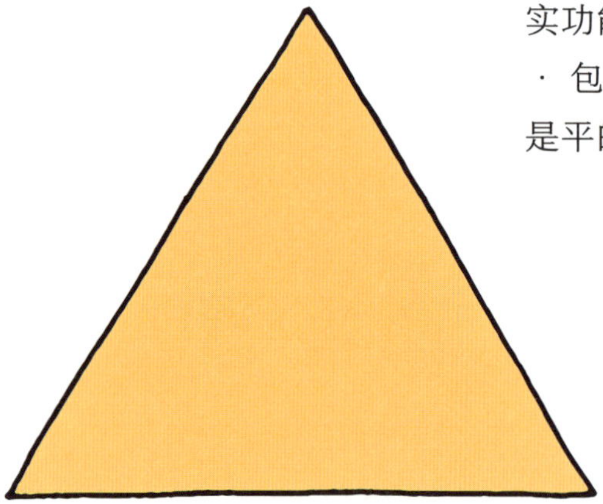

包豪斯小趣事

对这场驰名的建筑运动，我们了解多少呢?

· 包豪斯避免装饰。

· 灵活运用不对称和规律对抗对称。

· 它从“空间对抗质量”的层面掌握建筑。

· 包豪斯的视觉风格独具一格：立方体建筑，直角（也就是没有曲线），平滑立面，开放式平面空间。

· 功能性是包豪斯的核心目标之一，不过它也是最早追求且证实功能未必无趣的建筑运动。

· 包豪斯建筑大多是巨石般的矩形几何造型的摩天大厦，屋顶是平的，只使用石头、钢铁或玻璃建材。

登峰造极！

沃尔特 · 格罗皮乌斯在德绍设计了远近驰名的包豪斯校舍，采用大片玻璃立面创造出开放感。校舍其他部分一律是白色，营造出光线感。校舍由教室、工作坊和学生宿舍组成，就是在这栋建筑中，即将成建筑名家的马塞尔 · 布劳耶和密斯 · 凡德罗，与约瑟夫 · 亚伯斯、保罗 · 克利和瓦西里 · 康定斯基等工匠及艺术家并肩工作。

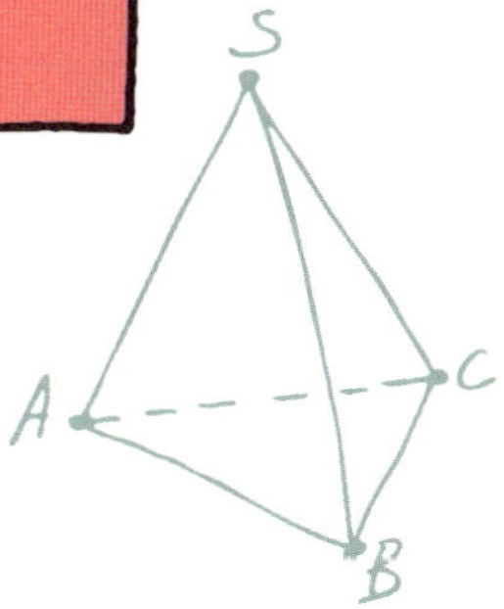

跳脱思考框架

包豪斯最著名的建筑示例是纽约的联合国秘书处，这栋楼由跨国建筑师团队设计，勒 · 柯布西耶、奥斯卡 · 尼迈耶和华莱士 · 哈里森都参与其中。大楼外面镶着光滑的玻璃平板，是最早使用包豪斯建筑特有幕墙的高楼。

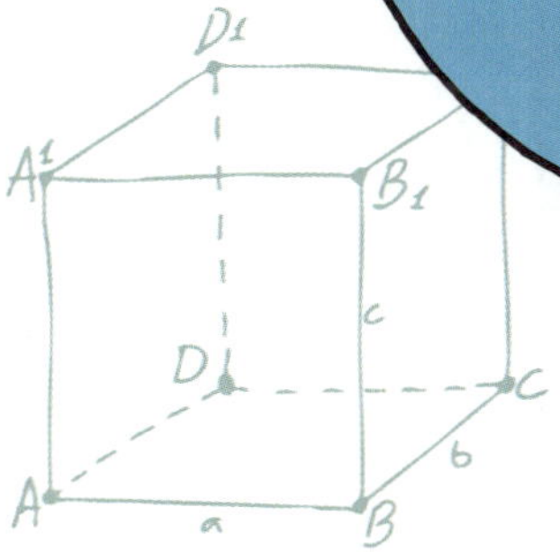

超有趣建筑

勒·柯布西耶的萨伏伊别墅

1929 年，备受争议的建筑师勒·柯布西耶为萨伏伊的家庭兴建萨伏伊别墅。萨伏伊放手让勒·柯布西耶自由发挥，勒·柯布西耶就把激进的设计理念运用于其住宅。这幢别墅后来成了深具影响力的早期当代主义建筑，赢得世界各地建筑师的赞赏。

打稳地基

萨伏伊别墅有光滑时尚的工业外观，半点装饰也没有。平屋顶，开放式室内空间，白色清爽外墙，横条长窗，从地面架高房屋的支柱——这几个特点让别墅成为勒·柯布西耶所谓的“居住机器”。

快来瞧一瞧萨伏伊别墅的几个特点！

勒·柯布西耶欣赏这样的理念：房屋应该设计得像是刚刚降落在风景上的物体，完全独立于当地环境之外，可以拎起来放到世界任何角落。

因为出自勒·柯布西耶之手，萨伏伊别墅里的日常生活功能是设计关键。车辆可以驶入别墅的概念（这点让勒·柯布西耶兴奋了好几年）是整栋房子的设计触机。

勒·柯布西耶的建筑远见是效法飞机、车、船的风格，他宣称他的目标是大量生产住屋。架空底层的支柱论证了这个理念。别墅独立于花园之外的设计，则被认为是第一代现代主义建筑的重点。

蓝图

勒·柯布西耶原名夏尔 爱德华·让纳雷-格里，1887年在瑞士出生。1920年，他自己把名字改成勒·柯布西耶，并成功将自己塑造成“品牌”。他博学多才，作品集艺术、写作、家具设计、城镇规划于一体，当然还有建筑。1923年，勒·柯布西耶出版《走向新建筑》，从此以后建造的多数建筑都受惠于这本200页的指南。

更上层楼

勒·柯布西耶把家具看成“设备”，宣称简约朴实的风格要以功能为第一考察点，可惜萨伏伊家最后仍然觉得无法在这么严峻的环境中生活。更糟糕的是，平屋顶经常漏水，最后萨伏伊家在1936年搬走了。

梁、拱顶和拱门！

建筑学不是只关于创造有趣建筑的学科，也要明白建筑的各个结构，深入认识实现所有建筑主题的有形结构要素。

梁

从文明曙光亮起，人类就开始在住处使用梁，桥当然也少不了梁。梁是最基本的建筑结构要素，能够承受千斤却不弯曲。石头、木头和金属是造梁的传统材料，不过最近日益精密的人造建筑材料变得普遍，比如强化玻璃或“后张”混凝土。

拱顶

内部空间上方弯曲的拱形顶篷叫拱顶。靠支柱支撑的拱形天花板往往引人注目，因为它们屹立不动，好像打破了物理定律。由于坚固又防火，从古至今的建筑师经常以创新手法设计拱顶，石匠更发展出复杂无比的工法，让多座拱顶可以交错相连。

拱门

拱门是建筑师经常发挥创意的设计。很简单，拱门可以进出，所以造了一面坚固的墙后，如果加上一道拱门，就可以穿墙而过。桥就是最好的例子，你想横越一条河流，但是桥底仍然需要让船只通行，那么就盖一排拱门吧。拱门有很多种类，例如尖尖的哥特式拱门，椭圆型的巴洛克拱门。有的拱门设计了大量的装饰，但是主要功能还是在有效分散重量的同时创造通行的缺口。

21 世纪建筑！

从手绘设计草图到绘制蓝图，建筑师和建筑学都有了长足的进步。在现代世界，建筑设计已经迈入了数字化时代，快跟上，别落后了！

打稳地基

建筑在 21 世纪有四大革新发展，快来瞧一瞧：

1 CAD（计算机辅助设计）

从 20 世纪 80 年代至今，CAD 发展彻底改变了建筑师的世界，今日所有现代设计和工程都离不开 CAD。靠计算机软件制作二维和三维的规划图和设计图，不仅更快更容易，就连十二万分困难的计算，也可以在短短几秒钟内解出答案。CAD 替建筑打开了一个充满各种可能的崭新世界。

2 快速成型打印机

这种精巧的打印机能把 CAD 设计直接变成三维模型，不只是螺丝和铰链，连整栋房子的比例模型都能打印出来。数百年来的手工模型制作太花时间，现在已经弃置不用了。

3 实体造型软件

这类软件可以制造出多层三维图像，把表层掀开后，就露出了建筑内部。不必用铅笔了，新的数字化方法可以画出更好用的平面图和立面图！

4 仿生学

当代设计中最具发展潜质的学科。在计算机和科学的帮助下，仿生学探索自然界成功的进化模式和生物调节环境之道，再运用这些数据做出与形式、结构和材料有关的设计决策。在阿布扎比，安巴尔塔的玻璃纤维防晒外墙很像鱼鳞，可以随太阳的移动方位开启闭合，既可以阻挡强光，还能够降低室温呢。

上得去……也要下得来！

盖房子非常有趣，但让屋子塌下也同样充满了趣味。你是未来的建筑师，必须懂得创造，也必须懂得破坏！建筑学包括拆房子的学问——而且方法还不止一种！

打稳地基

为什么花了数年时间设计、规划和建造的房子一定要拆除呢（通常10秒内就夷为平地）？原因很多，有时不拆除旧屋，就没有空间兴建新楼。拆房子的方法有两种：

1. 拆卸

慢慢将建筑分解拆下，通常会保留材料重复利用。这种方法也可以叫拆除，目前远比拆毁受到欢迎。在通货紧缩的时代，建筑工人很难抵挡回收和抢救材料的吸引力。

2. 拆毁

如果建筑材料以后没用了，整栋楼就可以直接拆毁。

更上层楼

认识拆毁前，必须先认识什么是内爆。内爆时，爆破力往内集中，结构向内塌陷，建筑的支撑会按照次序消失。采用内爆方法拆毁房子时，会使用足够的炸药炸毁关键的垂直结构支撑，最重要的是炸弹的放置地点和引爆的时间顺序，适当的安排能让结构重量引起建筑塌陷。大城市会使用内爆拆毁法，通常用来拆毁大型建筑。

到目前为止最大的一次拆毁工程，是美国费城的西尔斯百货商场。这栋巨无霸建筑建于1918年，动用了2000名之多的工人。它傲然矗立了70年——直到1994年，5443千克（12000磅）炸药将它夷为平地，而且只用了12秒时间！

蓝图

现在拆除都市建筑禁止使用拆屋铁球，建筑师和爆破工程公司只好想出更安全的拆屋方法。2008年，日本公司鹿岛建设首度展示了拆屋的未来，他们竟然由下往上拆了一栋20层的大楼！为了完成这项任务，鹿岛建设开发了一套系统，用巨型液压千斤顶托起大楼的柱子，接着拆屋工人在地面层将大楼一层一层化整为零。每拆掉一层，大楼就矮一截，好像叠叠乐益智积木玩具！

超有趣建筑

地球另一边的建筑

悉尼歌剧院颠覆了所有的逻辑和信念，是澳大利亚最有名的建筑，也是最受世人喜爱的建筑之一。

打稳地基

建造歌剧院让丹麦建筑师约恩·乌松打响了名号，不过他的名气远远不及悉尼这座城市。如果悉尼的海港上少了这栋雄伟华丽的歌剧院——它看起来像一艘前卫新潮的帆船，也好像一排去了皮的橙子——简直无法想象。

蓝图

歌剧院的建筑风格叫表现派现代主义。这意味着它有创新的外观，采用了新颖的建材。

跳脱思考框架

2007年，歌剧院列入联合国教科文组织世界文化遗产名录，被形容成“伟大的都市雕塑，以秀丽的水色为背景，坐落于深入悉尼港的半岛尖端”。

1973年，英国女王伊丽莎白二世驾临歌剧院剪彩揭幕，但是乌松没有获邀出席典礼。

屋顶以2194块预制混凝土嵌板组成。

歌剧院每年要更换15500只灯泡。

整栋建筑共有1000间房！

更上层楼

来核对一下我们对澳大利亚最美建筑的认识：

从 1959 年开始兴建，但是屋顶结构太复杂，又没有计算机辅助设计的帮助，设计不得不重新计算多次。因此，歌剧院直到 1973 年才竣工。

歌剧院是一栋巨大的艺术中心，除了歌剧以外，也可以推出芭蕾、戏剧和音乐会等节目。演出厅的墙壁和天花板精心铺设了层层叠叠的胶合板，无论你坐在厅内哪一个角落，都可以清清楚楚听到音乐。

乌松一面兴建一面更改设计，导致工程进度延误。工程延宕，费用飙升，导致政府非常生气，不仅开始提出强硬的要求，还删减预算。由于无法实现他对歌剧院的最终憧憬，乌松请辞，退出了这项计划。

屋顶铺了超过 100 万片瓷砖。

2008 年，乌松去世，享年 90 岁。他始终没有参观过完工后的歌剧院。

歌剧院长 185 米，宽 120 米，屋顶至最高点离海平面 67 米——相当于 22 层楼高的建筑。

壮丽雄伟的天际线

世界伟大的都市，从奥克兰到萨格勒布，处处都耸立着摩天大楼。这些高楼大厦这么高、这么长，瞧着瞧着，脖子简直都要痛起来了！

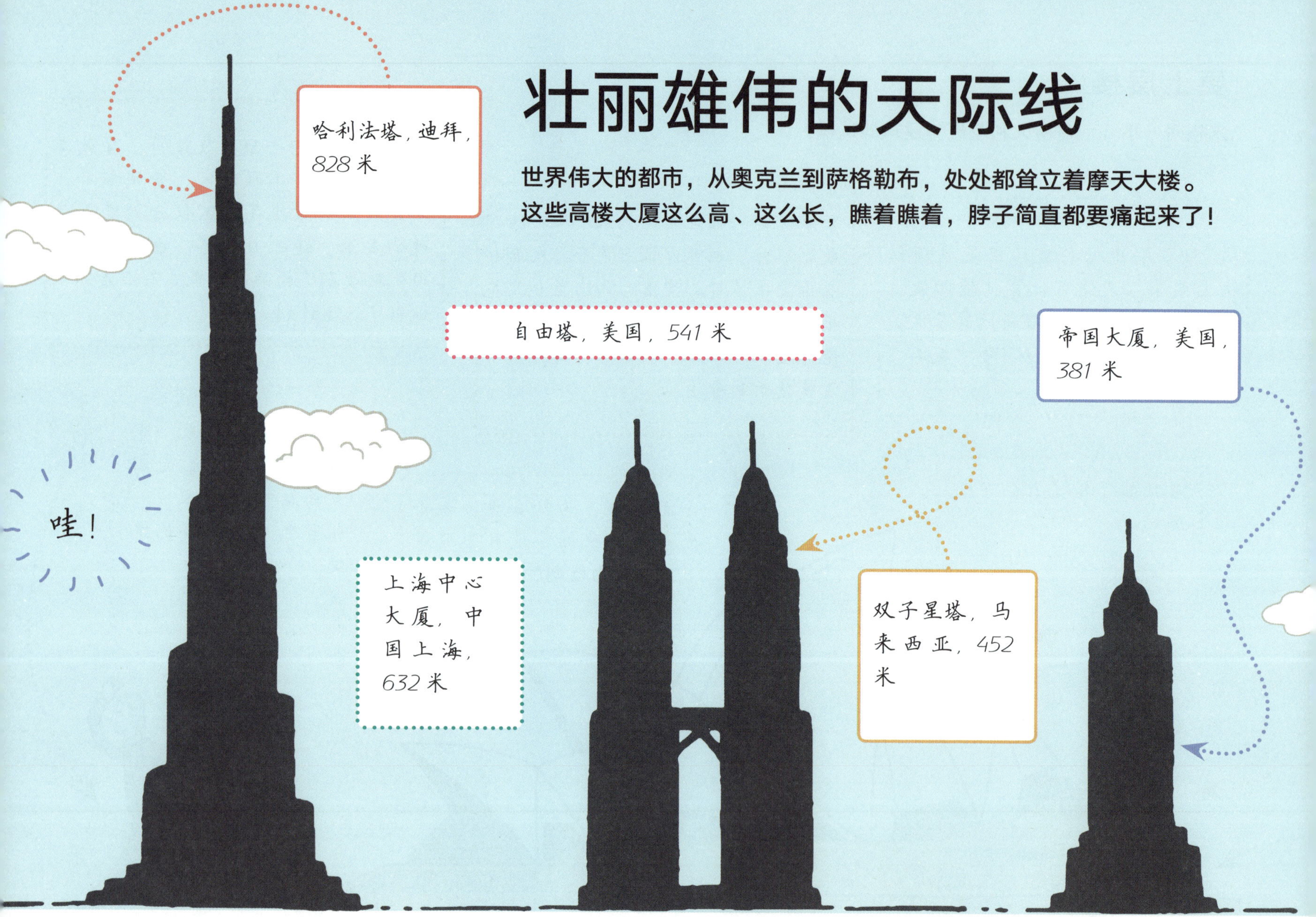

跳脱思考框架

于 2013 年竣工的纽约自由塔，是为了纪念 2001 年 9 月 11 日所发生的悲惨事件。当时，“基地”恐怖组织发动攻击，世界贸易中心双子大楼坍塌，造成无数人死亡。在旧址新建的大楼正式名称为世界贸易中心一号大楼，高 104 层楼，是美国国力和荣耀的鲜明象征，也是全球的光荣标记，告诉世人邪不胜正，而且无论跌倒多少次，都必须再站起来。它也是纽约的最高建筑。

埃菲尔铁塔，法国，324 米

伦敦桥大中心，又名碎片大厦，英国，309 米

大本钟，英国，98 米

比萨斜塔，意大利，54 米

人的平均身高，1.7 米

中央电视台总部大楼，中国，234 米

理查德·罗杰斯

从千禧穹顶到蓬皮杜中心，理查德·罗杰斯设计了引发争议的建筑奇观，也建造了几座当代最重要的建筑，所以名气非常响亮。

他的作品无论是让你倒抽一口气，还是会心一笑，有一件事是肯定的：他准会让你大吃一惊！

蓬皮杜中心之所以出名，不仅是因为它有趣的外表，也是因为它展示的建筑风格彻底改变了博物馆。在罗杰斯的帮助下，博物馆不再只服务于时髦的民众，反倒成了备受人们喜爱的去处和社交场所。

打稳地基

在高科技建筑领域，理查德·罗杰斯提出现代主义和功能主义的设计，是一个广受尊敬的建筑师。高科技建筑又叫晚期现代主义或结构表现主义，是 20 世纪 70 年代兴起的风格，将高科技产业和技术融入建筑设计。高科技建筑像改良版现代主义在世界各地出现，带动了一波建筑运动，进一步推动了建筑发展。尖端技术进步也助长了这一波发展。

登峰造极！

随着建筑事业蒸蒸日上，理查德·罗杰斯也越来越关心可持续发展和社会公正。他体会到建筑师的任务不只是盖房子，也必须服务于人和环境。这个理念表现于他1998年建造的威尔士国民议会大楼，以及引发争论的住房建造计划中：为全球精英建造的海德公园一号。做任何设计决策时，罗杰斯一定优先考虑建材和节约，所以这些房子都十分节能省电。

更上层楼

罗杰斯因为设计了好几个获奖的建筑奇观而声名远播，以下是他至今最伟大的成就：

1. 巴黎蓬皮杜中心。法国，与伦佐·皮亚诺合作
2. 劳埃德银行集团总部，英国
3. 千禧穹顶，英国伦敦
4. 巴拉哈斯国际机场，西班牙马德里

超有趣运动

粗野主义与粗野主义之后

罗马人最早发明混凝土，从此以后建筑世界就发生了巨大的改变。但在 20 世纪 50 年代，混凝土冷不防再次流行起来——因为粗野主义。

打稳地基

粗野主义建筑风格在 20 世纪中叶非常流行，它从现代主义建筑运动中诞生，自 20 世纪 50 年代开始蓬勃发展，直到 70 年代中期。这个风格的设计通常粗犷，讲究直线，大多是混凝土建筑，一开始是因为政府大楼和廉租房而兴起。粗野主义进一步发扬了形式统一的理念和时髦的未来主义，比方说，现代主义欣然采用线条流畅的简洁窗户，粗野主义更进一步让窗户尽量缩小，甚至干脆连窗户都不要了！

更上层楼

很多人不喜欢粗野主义光秃秃、冷冰冰的外表，不过这个风格是应运而生的。第二次世界大战后，英国一方面进行重建，一方面推动大规模市政建设项目，迈上福利国家之路。不过由于战争，物资稀少，昂贵的学校和住屋必然只能满足基本机能，而勒 · 柯布西耶的建筑哲学以科学、科技和纯粹功能为依归，所以有限的预算就巧妙地与他的哲学连接，打造出大批这种风格的建筑物。

蓝图

波士顿市政厅是粗野主义建筑的佳作，在 2008 年被票选为全球最丑的房子。有机会亲眼瞧瞧的话，你一定会明白原因。

31 层高的揣猎克塔，英国伦敦西区（厄诺 · 葛芬格，1966—1972 年）

登峰造极！

基本上，任何时候你看到一个棱角分明、粗厚巨大的水泥建筑——那肯定就是粗野主义。有的人觉得这种风格一点美感也没有，不过它们看起来确实很有意思，尤其是那种好像是直接出自科幻大片的建筑。来看看这些充满未来感的建筑吧：

盖泽尔图书馆，美国圣地亚哥加州大学（威廉·佩雷拉，1970 年开放）

约翰·埃德加·胡佛大楼，美国华盛顿特区联邦调查局总部（查尔斯·F·墨菲和其合作伙伴，1965—1975 年）

亚琛大学医院，欧洲最大独栋医院，德国（1972 年开始建造，1985 年开放）

日南市文化中心，日本日南（丹下健三，1963 年）

国民议会大厦，孟加拉（路易斯·康，1961—1982 年）

机器人与技术控制中央研究院，俄罗斯圣彼得堡（1973—1988 年）

35 层高的西城门，又称吉尼克斯塔，塞尔维亚贝尔格莱德（米哈伊洛·米特罗维奇，1977 年）

巴西利亚大教堂

奥斯卡·尼迈耶是巴西利亚闻名全球的建筑师，他用钢筋混凝土雕塑而成的宏伟建筑在全世界造成极大的影响，最出名的创作是巴西利亚大教堂……

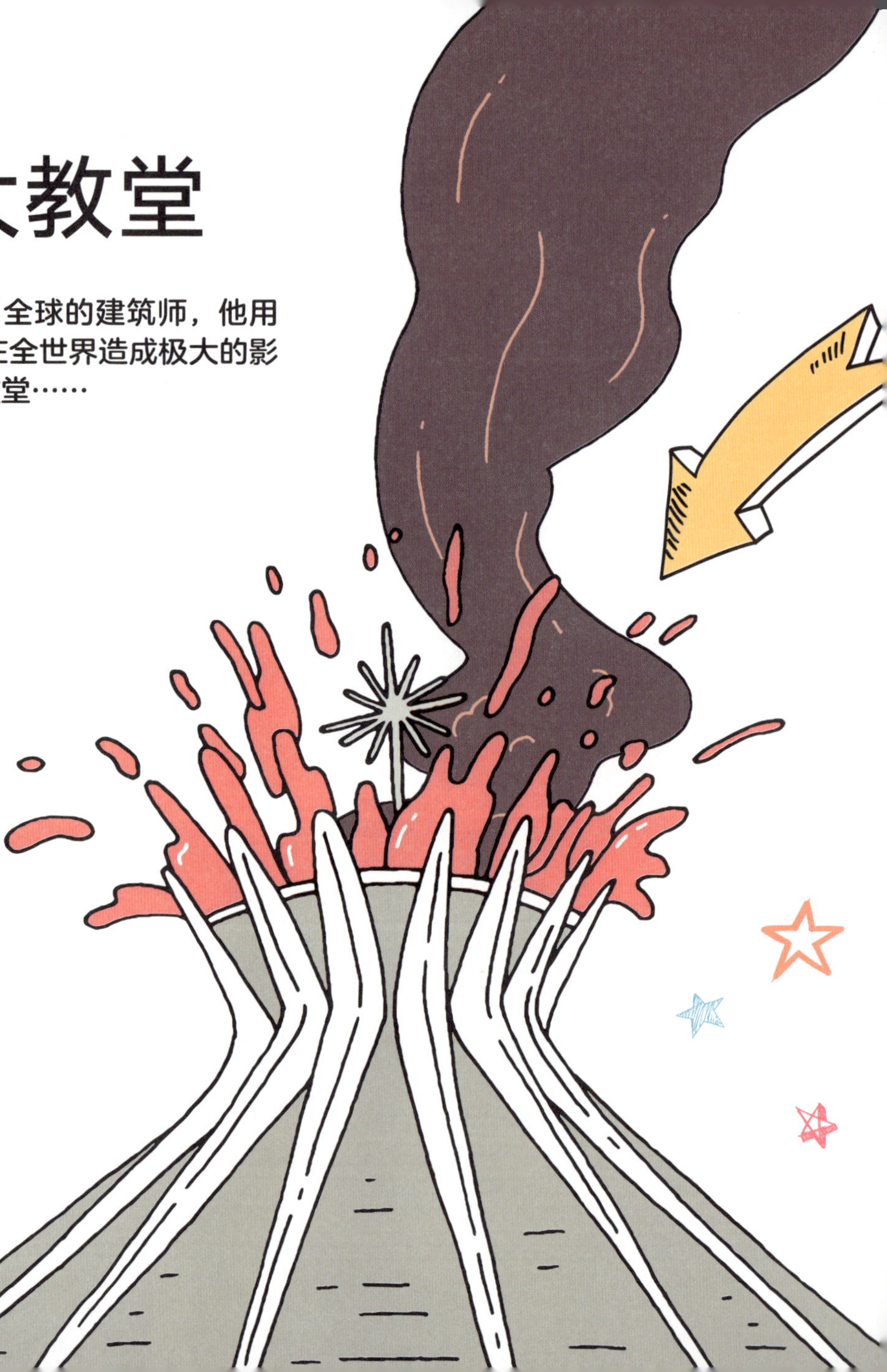

打稳地基

1956 年，巴西库比契克总统决定从零开始，打造一座新首都，它将“以最新颖的方式明确表现现代巴西的创意智慧”。他委任尼迈耶建造巴西利亚，这座城市要抹去旧历史，开创新天地。实际上，这是一个理想主义政治建案，企图用建筑转变巴西人的自我感受和世人对巴西的看法。

更上层楼

大教堂设计成一个看起来活力十足的崇拜场所，外观很像正在喷发的火山，也好像是朝着天国延伸的手臂，一个巨大的十字架在上方升起。大教堂是 16 根混凝土支柱构成的双曲面结构，每根支柱重达 90 吨！这里是巴西利亚最受欢迎的景点，每年参观人数将近百万。

蓝图

在全新的首都巴西利亚，尼迈耶盖了大教堂、参议院及众议院组成的国会大厦和最高法院等建筑。

生活是第一重要的事，我认为在街上示威的年轻人比我做的工作更重要。

——奥斯卡·尼迈耶

跳脱思考框架

尼迈耶一生完成了超过 500 项建筑工程——他从未退休，孜孜不倦地工作，直到 2012 年去世为止，享年 104 岁。

安藤忠雄

建筑师安藤忠雄自学成才，对当代建筑影响深远。
他以热爱虚无和空荡荡的空间出名，对他来说，简单就是魔法。

打稳地基

安藤忠雄的建筑风格沉着平静，简约纯净，非常重视光和影、自然和人为的对照。他的简朴建筑被视为细腻的艺术品，用不加任何修饰的平滑混凝土模，精心打造出几何图形。他的设计融合了日本建筑传统和西方现代主义，所以与山光水色呈现出一幅完美和谐的景象。安藤忠雄的建筑少不了清水模墙体，他对清水模墙的推崇和重视则是背离现代主义的明显特征。

更上层楼

大阪的光之教堂是安藤忠雄的力作。教堂建于1989年，是一座简单的矩形清水模建筑，一堵独立的墙仿佛是一道半敞的门，以15°角斜切入矩形建筑，让后方有了一个入口。尽头的墙面以镂空方式刻出十字架，让光线能够由外射入。内室看起来非常简单，但巧妙利用光影的绝妙效果操控空间。就像宗教一样，教堂的建筑设计很有道理，同时却又无法解释。

大阪的光之教堂

超有趣运动

现代主义

现代主义是 20 世纪建筑思想的主流，信奉科学、科技和大批量生产，目的是推动社会经济、文化和科技进步。现代主义建筑简洁、实惠又高效。

打稳地基

在 20 世纪 20 年代，建筑适应了工业革命之后的机械时代。一反传统，配上路易斯 · 沙利文“功能追随形式”的理念（设计都应该只从目的衍生），掀起新一波旨在提高日常生活质量的建筑浪潮。

更上层楼

所有现代主义建筑必须遵循现代主义风格与美学宣言，拿好你的笔，打钩核对以下现代主义的基本重点！

现代主义风格与美学宣言

- ✔ 所有建筑必须遵循路易斯 · 沙利文“功能追随形式”的理念，目的优先于外观。
- ✔ 建筑应该简单，割舍任何不需要的细节。
- ✔ 建材应该互相呈现 90° 直角（每样东西看起来应该不是方形，就是矩形）。
- ✔ 建筑应该展示工程使用的材料，而不是把它们藏起来。
- ✔ 主要材料应该为铁、钢、玻璃——全部的人造工业材料。

重要建筑

几处居住单元住宅小区

勒·柯布西耶的萨伏伊别墅（1929年）

昌迪加尔市，印度（1959年）

1937年，弗兰克·劳埃德·赖特在纽约为所罗门·古根海姆设计了一间博物馆，这间博物馆就是当代主义建筑的典型模范。

跳脱思考框架

现代主义风格受到一些批评。现代主义建筑通常将平屋顶当成建筑主题，但是至今还是有许多评论家指出，平屋顶与现代主义“形式追随功能”的原则矛盾，平屋顶的设计是有问题的：它们会累积雨水和降雪，不像斜屋顶可以排出雨雪积水。

奇怪的形状，奇特的大小

世界充满了趣味无穷的建筑，和学校或图书馆等等的普通老建筑相去十万八千里。现在，让我们仰望天空，赞叹人类用双手打造出来的最具冒险精神的房子……

打稳地基

建筑不见得一定符合路易斯 · 沙利文“形式追随功能”的理念，有时庞大的摩天高楼看起来像是外星人入侵——如果这就是建筑师想要的，那就罢了。世界上有些稀奇古怪的房子还是有目的的，但盖成这样看起来就会妙趣横生！理查德 · 罗杰斯的法国蓬皮杜中心是博物馆，但看起来也不怎么像博物馆。坐下来思考一下你希望创造的建筑的类型，它看起来是怎么样的呢？

蓝图

有人说朝鲜平壤的柳京饭店是“人类历史上最糟糕的建筑”，也有人叫它“末日旅店”。完工后，它会成为“世界第一大饭店”，但是第一块混凝土板降下后已经过了28年，酒店还没有开张。这栋金字塔形的酒店有105层，居室多达3000间，全部以混凝土建造，比纽约的克莱斯勒大厦还高，看起来像一艘很酷的太空时代火箭船！这栋巨无霸建筑本来应该是朝鲜经济实力的象征，可惜位于贫困到晚间也无法点亮街灯的平壤。现在它成了国际调侃的象征，恐怕永远等不到开张的那一天。

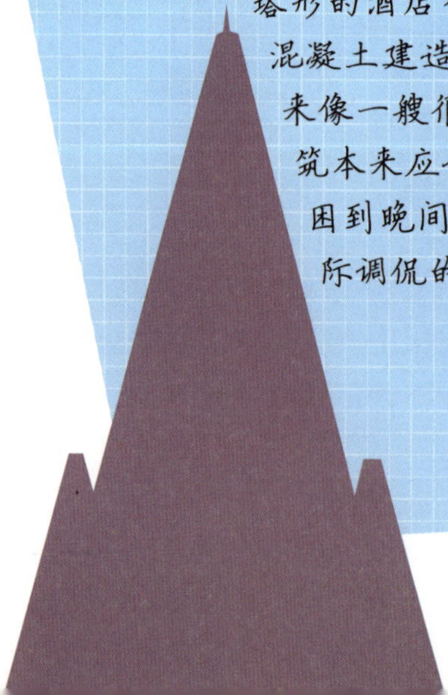

登峰造极！

世界上不止 12 栋看起来怪怪的建筑——其实比你猜的多上许多许多——但是不妨先从这些古怪却精彩的建筑发掘奇妙的建筑乐趣吧：

伊甸园工程，英国康瓦耳

扭曲屋，波兰索波特

中央电视台总部大楼，中国北京

莲花寺，印度德里

堪萨斯市公共图书馆，美国密苏里州

哈尔格林姆斯教堂，冰岛雷克雅未克

美术馆，奥地利格拉茨

颠倒屋，波兰希姆巴克

原子塔，比利时布鲁塞尔

新亚历山大图书馆，埃及

国家图书馆，白罗斯明斯克

袭宅，奥地利维也纳

跳脱思考框架

阿布扎比的首都门高 160 米，被《吉尼斯世界纪录大全》认证为世界最倾斜的人造高塔，倾斜 18°，是比萨斜塔倾斜角度的四倍，自己想象一下吧！

可持续建筑

可持续建筑是这一行的未来，盖房子将不再浪费资源，也会关注建筑物对环境所带来的影响。

打稳地基

要盖一个遮风避雨的地方，我们必须向大自然索讨土地和材料。房子一旦盖好了，我们又马上增加洗澡、煮饭、取暖和照明的管路系统，因此建筑非常消耗能源，就连车子也远远比不上。

更上层楼

在20世纪60年代以前，我们不大关心有限的天然资源，人人都认同现代主义的信条：科技将解决一切问题。接着，1973年爆发了石油危机，我们也发现全球变暖，这才清楚人类正在对地球的健康造成灾难性的影响。

登峰造极！

近年来，设计对自然资源影响最少的房子也成了建筑师的职责。用回收或环保材料盖的房子叫做绿色建筑，这种房子或许也能使用太阳能板或风力涡轮机发电。下一个阶段是被动式建筑，它完全不会影响环境，而且可以生产建筑所需的全部能源。

跳脱思考框架

2001年落成的路易斯中心，位于美国俄亥俄州奥柏林音乐学院内，是世界上公认最环保的建筑。这栋零能耗建筑装了太阳能电池板、节能照明和地热能冷暖空调系统，家具装潢也使用了生物可降解材料！

扎哈 • 哈迪德

扎哈 • 哈迪德是 21 世纪建筑界的超级巨星，辛勤耕耘多年，最后终于熬了出头。她以实验性和激进的设计著称——许多设计看起来好像来自未来！

打稳地基

起初，对于哈迪德的理念，建设公司的兴趣远远不如高等院校，他们觉得她的设计太有挑战性了。哈迪德的话显然值得一听，所以在 20 世纪 80 年代，她大部分时间都在教建筑，而不是盖房子。后来她的设计开始获奖，又过了 20 年，她才建立起金字招牌。她在世界各地盖了文化中心、艺廊、办公室和大型体育场馆。

更上层楼

哈迪德确立了一个崭新的建筑手法，用多重透视点和支离破碎的几何创造建筑，让人联想起现代生活的纷乱无序，辛辛那提的罗森塔当代艺术中心就是一例。她的建筑好像科幻小说！！

跳脱思考框架

哈迪德是首位荣获普利兹克奖的女性（2004 年），也是第一个赢得伦敦设计博物馆年度最佳设计奖的女性（2014 年）。

蓬皮杜中心和巴黎

这座曾经备受争议、如今深受青睐的巴黎市中心建筑颠覆了建筑世界，它的设计试验意味浓厚，替日后每一位建筑师开启了大门，让他们放开视野，对内外空间的运用提出了不同的看法。

打稳地基

1971 年，伦佐 · 皮亚诺和理查德 · 罗杰斯参加竞赛获胜，为巴黎设计建造一座艺术中心，让民众接触艺术的权利“民主化”。皮亚诺和罗杰斯获奖的设计不仅把建筑由里往外翻，也颠覆了许许多多的建筑概念！蓬皮杜中心所有楼梯、回廊和管道系统，一律安装在大楼外侧，让室内公共空间扩展到最大极限。艺术中心内有当代艺术博物馆、公共图书馆、会议中心、儿童游戏区、餐馆和商店。

更上层楼

许多人一开始对这个设计抱持批评态度，说它“难看碍眼”，好像“鼠笼”，形容这种建筑风格是“内脏主义”——就像动物的肠道暴露在身体外面！但时间久了，这样的设计被证明有效可行，蓬皮杜中心如今依然是巴黎访客最多的地方。

蓬皮杜中心所有的基本功能结构一开始以不同颜色区别：绿色管道是水管，蓝色管道控制空调，电子线路封装在黄色管线内，动线与安全设施则是红色的。

莲皮杜中心是一栋7层高的高科技未来奇观，却坐落在一个中世纪社区，四周都是歪七扭八的矮屋，距离巴黎现存最古老的房子（建于1407年）只有一条街道。当地人本来并不开心！

莲皮杜中心于1977年开放。

7层楼的楼板面积大约为83000平方米，大约有43米高！

莲皮杜中心是欧洲最大的艺术博物馆。

馆藏超过65000件，这些作品来自超过100个国家，出自超过5000名艺术家之手。

开放以来，已有1.8亿人参观过这栋建筑！

建筑成灾

不是所有建筑物都能一夕成名，有时评论家和民众不喜欢它们，有时它们在不该倒塌的时候倒塌，有时人人都知道它们过时了。

打稳地基

建筑师脸皮必须要厚——他们的建筑也要耐得起批评考验。建筑设计在两种情况下会废弃：

它对我们不再有用。

OR

我们不想继续使用，可能是建筑让我们失望，也可能是我们辜负了建筑。

残留的建筑如果不再利用，就会沦为废墟，成了“世事无常”的具体象征。

很多的老房子——曾经具有用途的建筑——现在都变成了废墟，什么事也不做，就只是历史的片鳞碎甲。不过也有很多废墟每年有数百万人前去参观，它们的用途变了——这个结果比拆除更好。

更上层楼

有时激进的建筑和作品一开始让人讨厌，但却一步一步赢得了人心。埃菲尔铁塔就是一个例子。1889 年，法国建筑师古斯塔夫 · 埃菲尔建造铁塔，是为了纪念法国大革命百年庆典，同时彰显法国的工业实力。建造历时两年两个月又五天，在当时是技术和建筑的非凡成就。古斯塔夫计划建造世上第一高塔，一座由纯铁构成和四根柱墩固定的镂空塔，但是巴黎人对这个主意厌恶极了！他们要的是外观比较正常的建筑。铁塔开始修筑后，紧张兮兮的巴黎人害怕铁塔会被闪电打中，或是垮下来压到他们的家！但这些事都没发生。铁塔原本打算 20 年后就拆除，可到了今日已经巍然屹立超过一个世纪，而且是世界上最多人参观的付费纪念碑！

登峰造极！

拉斯维加斯位于内华达州的沙漠深处，这座城市的第一“热点”真的真的非常热！外观美丽的维德拉酒店是建筑界的奇迹，也是拉斯维加斯最受人喜爱的去处，它有一个别名，叫作“死亡射线酒店”。很遗憾，入住这栋奇特的玻璃摩天大楼的客人抱怨，大楼的独特设计让太阳光变成“死亡射线”，害得他们严重晒伤。原来大楼的弧面玻璃窗就像抛物面，会使日光聚焦产生强烈的热能，然后玻璃又会将光线折射到泳池甲板区，投射的面积大约是 4.5 米 × 3 米。而且，折射的光线温度非常高，足以烧掉头发，熔化塑料！建筑师为了降低这个影响，在酒店玻璃窗上粘贴高科技薄膜，以为这么做解决了问题，可惜并没有彻底解决。

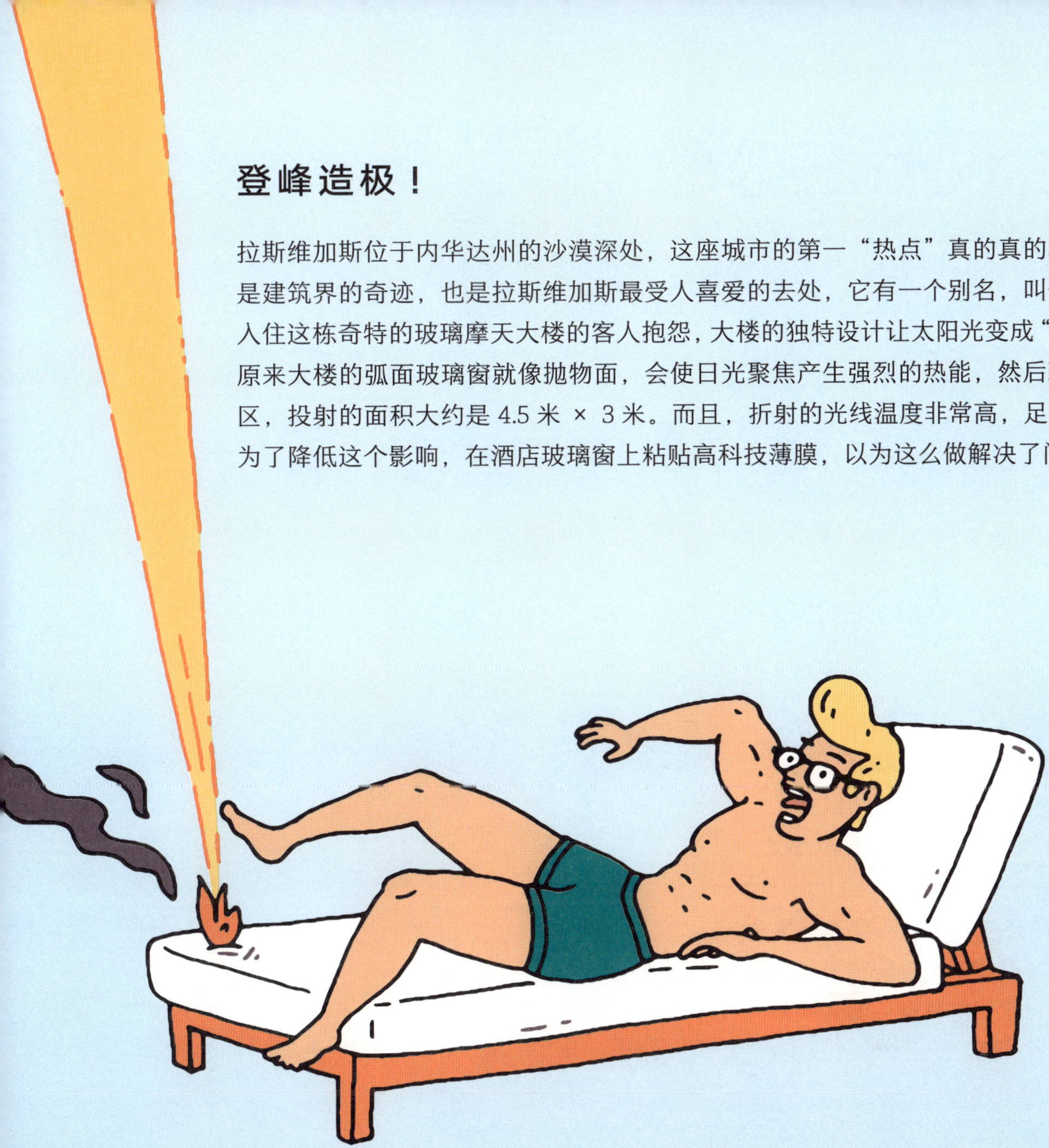

由于四季变化和地球自转，酒店的热点位置每天都不一样。

你会怎么解决这个“死亡射线”问题呢？

超有趣运动

后现代主义

说到后现代主义，只要记住一点： 怎样都行！

打稳地基

后现代主义融合许多不同风格做法。它结合新与旧，而且什么结合方式都行，只要建筑师认为这么做效果最棒。跟节录音乐很像，后现代主义建筑师从任何他们喜欢的地方借取灵感，设计他们的房子。今天出门办事时，不妨留意一下后现代主义建筑吧。

更上层楼

后现代主义运动原本是（现在也是）20 世纪 70 年代和 80 年代的反动，抵抗第二次世界大战后“少就是多”功能主义的纯粹时代。说起来，许多后现代主义建筑师的座右铭其实是：少就是无聊！

20 世纪 60 年代后，人们急着开始追求乐趣，不要每件事都那么严肃，于是就出现了诙谐古怪的建筑。这些房子虽然新颖，不过通常参考了以往的时代，它们的装饰可能有讽刺目的，或是外观现代的房子造了一个古典的屋顶。

知名的后现代主义建筑

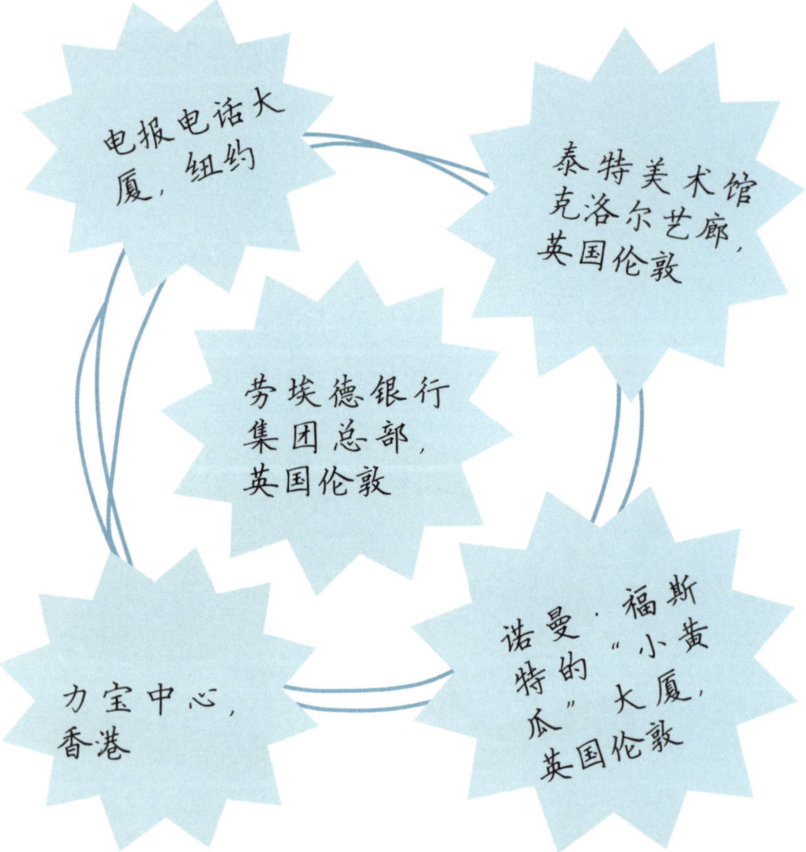

后现代主义建筑采用以前建筑运动从未有过的手法结合功能和美学。

后现代主义建筑师可以随心所欲，在建筑上添加意想不到的润饰，尽管和传统背道而驰，仍旧赏心悦目。

你要用任何颜色都可以，但只限用一种配色方案。

如果没有蛋糕，你会拿糖霜做什么呢？

——后现代主义建筑师的口头禅

如果你希望你的房子像机器人——那就动手去做吧！

超有趣建筑

毕尔巴鄂的古根海姆博物馆

西班牙毕尔巴鄂古根海姆博物馆从 1993 年起建，1997 年落成，费时四年。这栋建筑是解构主义的最佳典范，也让这座城市在全球旅游地图上扎根。

打稳地基

古根海姆博物馆引人注目，也令人难忘，很像严重车祸现场，也像一堆凹瘪的罐头。虽然看起来像乱糟糟的失事现场，但它其实是精心设计的建筑，要设计出这样的建筑只有一个办法，就是利用电子计算机计算结构稳定性、结构强度和重量分布。

这栋不像建筑的建筑出自加拿大建筑师弗兰克·盖里之手。

风格：解构主义

古根海姆博物馆面积达 24000 平方米！

更上层楼

博物馆建筑师弗兰克 · 盖里饱受批评，因为他光是设计杂乱无章、形状不规则的视觉艺术品，却没有设计出具备功能的空间。此外，他的某些建筑结构脆弱，竣工不久就必须修补或修改，可见他的作品风格有余，但是牢固程度却有待加强，这一切让秉持“形式追随功能”理念的严肃建筑师超讨厌他。

登峰造极！

盖里做过一件很出名的事，他在设计房子时，拿起一张纸揉成一团，然后宣称那就是建筑模型。

很难分辨哪些墙面支撑着主要结构，这是解构主义风格的特色，这种风格的房子看起来支离破碎，像在挑战地球引力。

跳脱思考框架

毕尔巴鄂现象

不管评论家对盖里的设计是褒是贬，这栋建筑扭转了毕尔巴鄂的命运，这座城市一夕之间变成重要的国际旅游景点。于是，世界其他小城市也想有一栋类似的建筑，市政府官员争先恐后委托知名建筑师打造离奇古怪的美术馆，这称作“毕尔巴鄂现象”，但是结果却不一样！其他城市的类似尝试失败，承受了巨大的损失。英国有两个野心勃勃的项目，一个是奈杰尔 · 科茨设计的谢菲尔德流行音乐中心，另一个是威廉 · 艾尔索普负责的西布罗姆维奇公共中心，这两处都关闭了。在西班牙巴伦西亚的圣地亚哥艺术城预算严重超支，困难重重，到现在还没有完工。在美国密西西比州比洛克西，就连盖里自己操刀的奥尔 - 奥凯菲艺术博物馆，原本预计要盖五栋新建筑，最后只有一栋开放。

设计自己的家

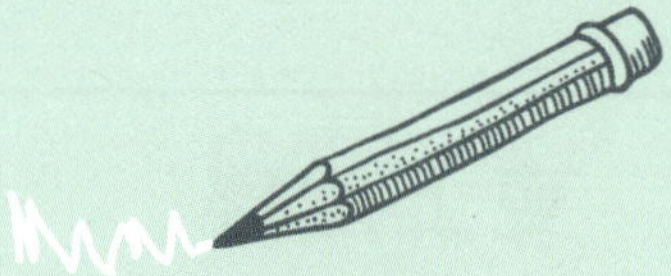

不用怀疑，此时此刻你坐在里头的这间房子，是一个建立在数千年建筑史上的建筑奇迹。来深入认识一下咱们的寒舍吧……

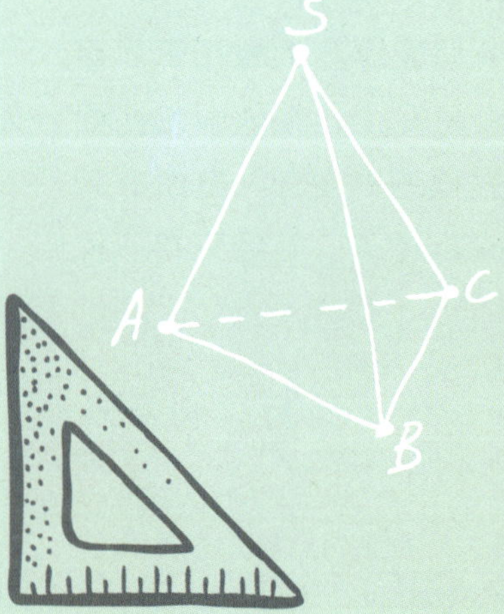

打稳地基

讨论建筑时，我们很容易忽略世界最通行的建筑类型——住家。如果可以住在世界任何地方，你会想去哪里呢？你的家会是什么模样呢？你要纳入什么功能特色，让你的家成为最有趣的房子呢？

更上层楼

现代住宅经常被批评看起来一模一样，没有什么独特突出的建筑特征，但其实每一栋屋子都是独一无二的。绕一圈你家，走进每一个居室，仔细瞧一瞧墙角，留意居室的形状、大小和任何奇怪的特点，观察观察地板和天花板，然后把你的发现记下来。还有，从外头看一看房子。清楚你家的结构后，画一张像这页上面的平面图。

跳脱思考框架

人类在数千年前就用砖头盖房子了，石工专家认为砖头是最环保的建筑材料。最普通的砖块是把黏土放在1000℃的高温中烧制出来的！平均大小的三室住宅大约需要16000块砖头，这算不了什么——中国的万里长城用了大约38亿块砖头呢！

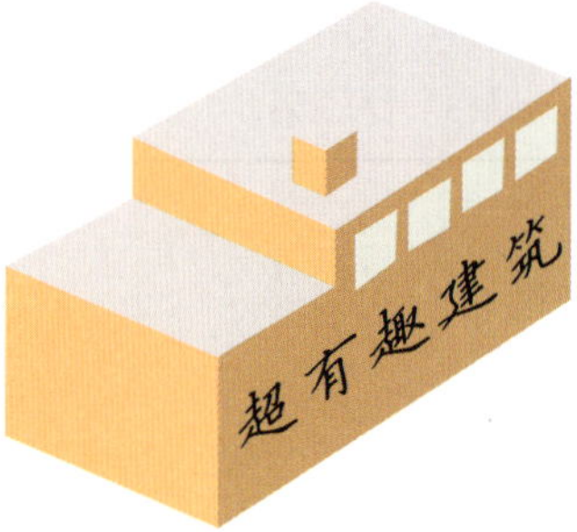

碎片大厦

碎片大厦是最后一个加入伦敦著名天际线的成员，也是伦敦的第一高楼。

打稳地基

为什么叫“碎片”呢？因为大厦的雕刻玻璃造型是由锥状玻璃切面组合而成的，玻璃最后在屋顶并没有会合，所以屋顶看起来好像参差不齐的玻璃碎片，给人一种尖锐冰柱高耸入云的印象。

更上层楼

中央混凝土芯周围架设着钢骨结构，所以这么高耸的大厦却也十分牢固，弹性也出乎意料地好——骨架使大楼能随疾风摇摆，最大幅度可达 20 厘米。

登峰造极！

四十年来，意大利建筑师伦佐 · 皮亚诺打响了世界顶尖设计创意人的名号。为了设计碎片大厦，他从当地历史、昔日充斥船坞的高桅帆船和克里斯托弗 · 雷恩的市区教堂尖塔撷取灵感。

碎片大厦高 309.6 米。

百分之九十五的材料是再生建材。

跳脱思考框架

在晴朗的日子，站在最高的开放楼层，你可以看到方圆 55 千米远的地方。

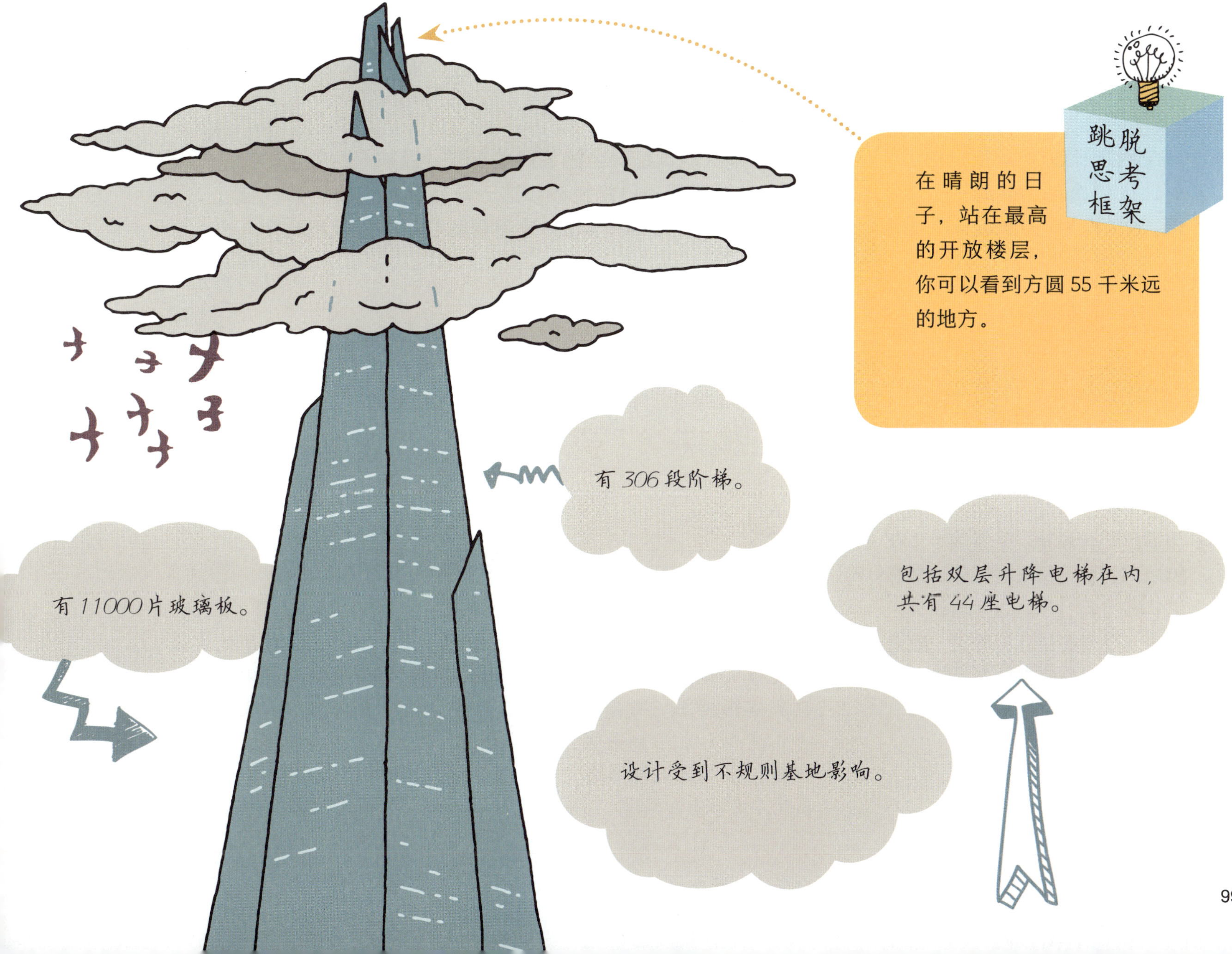

建筑的控制力

一个地方开放让所有人进出时，建筑师怎么确保建筑是安全的？预防犯罪，保护人身安全，同时让人自由进出活动——这是设计师和城市规划师的日常挑战。这一行有许多安排巧妙的伎俩，通常称为“控制设计”，没有经过专业训练的人是注意不到的。来看看我们能不能找出几个！

打稳地基

建筑师要引导我们移动很容易，借着墙壁信道的安置位置，他们可以故意让我们走向（或远离！）特定的地点。还有更深奥微妙的控制例子，比方说，把学校教室的窗户开在高处，坐着的学生在该用功时就无法看着窗外！你想这样公平吗？你认为运用设计控制他人是对是错呢？来看一看建筑师控制我们的其他例子吧。

更上层楼

长椅、座位、树木的位置可不是随便安排的！设计可以控制行为的空间，比持续监视是否有人行为不检来得有效。同样的道理，与其追捕犯人，不如一开始就预防犯罪发生。以下举几个例子：

减速带

常常有人叫它“睡觉的警察”，不是因为警察通常又懒又胖，常常被人撞见躺在地上，而是因为减速带会让车辆放慢速度，等于建筑师替警察做了他的分内工作！

公园长椅

公园管理员喜欢公园长椅，因为游客可以坐下歇腿，欣赏风景。公园管理员的烦恼是，流浪汉常常躺在长椅上睡觉，害得他人不能使用。怎么办呢？在长椅中间加上扶手，这么一来，你可以坐在长椅上，但不能横躺下来。现在很多公园与公共广场的座椅都让人无法躺下，公园管理员可开心了，只是无家可归的人现在要睡在哪里才好呢？

公交站候车椅

你也许注意到了，有些公交站候车椅只是一张往前倾斜的狭窄板子，这样的设计让使用者必须靠双脚支撑身体，坐起来也不舒服，它的目的是阻止民众赖在候车亭不走。这个点子也许很妙，但是若是你累坏了，公交又迟迟不来，那可就不大妙啦！

购物中心座椅

购物中心的公共座位要不就是通通撤走，要不就刻意让人觉得不好坐。长椅的椅面通常会隆起，靠背角度陡斜，故意设计让使用者坐没几分钟就站起来继续购物。商店开着，哪有时间好休息！

滑板阻钉

你有没有注意到，公共广场的矮墙上有闪闪发亮的金属凸钉呢？这些不是装饰，而是要阻止滑板客沿墙滑行。滑板客真的讨人厌吗？还是跟所有人一样享有使用公共空间的权利呢？

闭路电视树

大自然可以舒缓心情，理查德·罗杰斯设计时就遵循着一项原则：在他的建筑里，不管从哪一个窗户看出去，一定能看到一棵树。不过树木对警察来说可是一个问题，因为树木会掩护犯罪活动。现在市中心广场要种植新树时，会考虑到闭路电视，树干最好细细长长，长到超过 1.8 米才开枝散叶，这样人人在镜头前都无所遁形。

建筑的未来

成为一名建筑师，代表可以窥视未来——不仅可以预料空间，也可以预测时间！你所设计的建筑，不只要符合目前的需求，你还必须穿越时空，弄清楚你的建筑在 10 年、20 年和 100 年后的用途。从人类演化发展文明以来的这数千年，建筑已经冒险犯难，走过山南海北。有一点是可以肯定的：看来未来是绝对充满了趣味！

打稳地基

在 2010 年，全球有超过半数（百分之五十四）的人口住在都市，打破了历史纪录，这个比例日后只可能越来越高。一百年前，每 10 人中有 2 人住在都市，到了 2050 年，将会增加到每 10 人中有 7 个都市人。这对未来建筑师意味着什么呢？他们必须把房子盖得更高，才能容纳所有的人。然而，未来可能还有什么其他超有趣的建筑形式会诞生呢？

旋转摩天大厦

在未来，不是人人都住得起有无敌景观的大厦顶层高档公寓，但那也无所谓，充满动力的建筑师会把景观带到你的面前！迪拜正在兴建的动力塔，是一栋 420 米高的摩天大厦，楼高 80 层，每 90 分钟会独立旋转一周——也就是说，不管你在哪一楼，你看到的世界景色永远都在改变！

隐形摩天大厦

韩国首尔附近计划兴建的无尽大楼，高 450 米，将成为全世界第一座具备隐形功能的摩天大厦！这座高楼将装设小型摄像机，录制和放映这座城市的环境实时图像，然后显示在遍布整栋大楼各处无数并列的 LED 屏幕上。通过这座隐形的大楼，建筑师保证民众将可以看到通常会被它遮挡的城市风光。

跳脱思考框架

迪拜的“卡延塔”是未来主义建筑运动的绝佳典范，这栋超级摩天大厦有80层，高306米……还有一个意想不到的“转折”！如假包换的转折！它是全球扭转90°的最高大楼，看起来好像一个巨大无比的DNA螺旋结构——如果没有亲眼一睹，你是绝对不会相信的！

蓝图

未来建筑世界中最棒的工作是“建筑技术专家”。这帮聪明人精通建筑、设计与结构的科学知识，和建筑师密切合作，在完工的建筑中将建筑师的概念化为实体。他们关注设计的科技层面，确保新颖的功能性建筑可以运作顺利。他们也必须确定施工使用了正确材料，工程符合建筑法规。他们必须通盘掌握未来建材的知识，这样今日建筑的外观功能就像明日建筑一样。听起来有趣极了，是不是？

你会替你的未来建筑设计什么特点呢？

词汇表

阿拉伯式花饰（Arabesque）
一种花草和几何图形交织的装饰风格，常见于伊斯兰艺术的墙壁和瓷砖，在建筑上通常用来装饰房屋。

长方形廊柱式教堂（Basilica）
从罗马时代开始发展，这种类型的教堂中殿高、侧廊矮，是 19 世纪以前基督教特别喜爱的教堂建筑风格。

城垛（Crenellation）
城堡屋顶呈凹凸状的矮墙，士兵可以躲在后面朝敌人放箭。

矮廊（Dwarf gallery）
教堂屋顶下方一小排拱门，罗马式建筑常见的装饰。

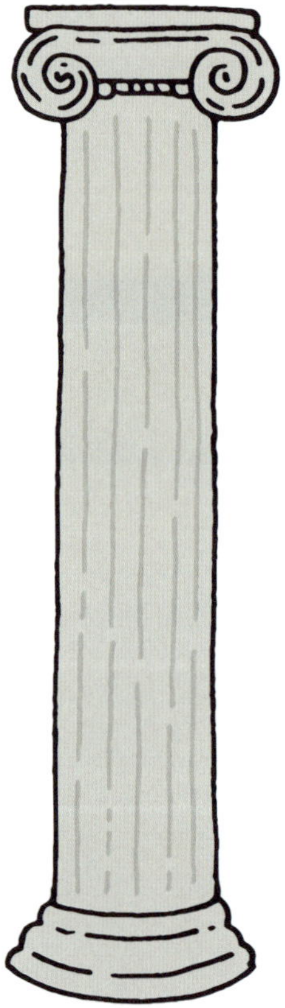

柱顶楣构（Entablature）
夹于神庙柱头和屋顶之间的水平结构，通常用横饰带装饰。

立面（Facade）
建筑物的正面外观。

场所精神（Genius Loci）
字面意思是“地方的才能”，用来描述令人难忘它们动人建筑质量的地点。

垃圾空间（Junk Space）
建筑师雷姆 · 库哈斯（Rem Koolhaas）首创的说法，形容购物中心等大型都市建筑的乏味和雷同。

宣礼塔（Minaret）
清真寺里的高塔，用来提醒信众祈祷。

壁龛（Niche）
墙壁上的凹座，通常用来摆放雕塑。

核心构想（Parti）
建筑的核心理念，源自法语 partir，意思是“出发前往目的”。

方院（Quadrangle）
校园常见的四边形院落，四周环绕着信道和廊柱。

底灰（Render）
也叫灰泥，这种粉刷墙壁的水泥能使墙壁表面平滑防水。

内角拱（Squinch）
圆形屋顶与下方建筑之间的支撑。

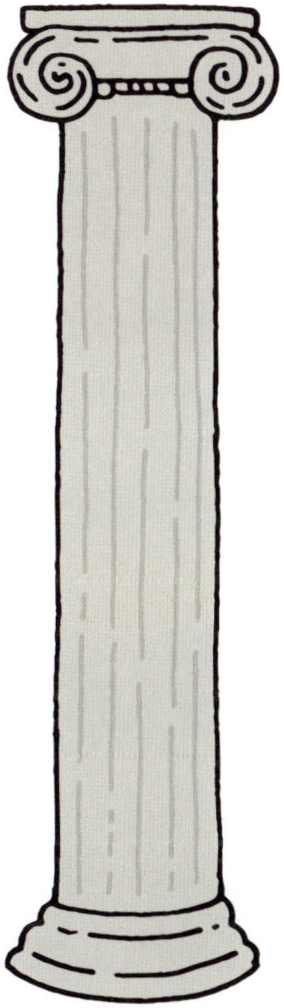

空想家（Utopians）
投身运动企图改善社会的人，经常致力推动现实世界还未能实现的理想，建筑师往往就是这样的人！

风土建筑（Vernacular）
每个地方有自己的口音，每个地方也有自己独特的风土建筑。风土建筑必须是一个地方长期发展出来的风格，并且使用当地的材料和工法。

庙塔（Ziggurat）
阶梯式金字塔形建筑，可以在中美洲与美索不达米亚看到，比埃及金字塔更早问世。

从终点开始思考。

——达·芬奇

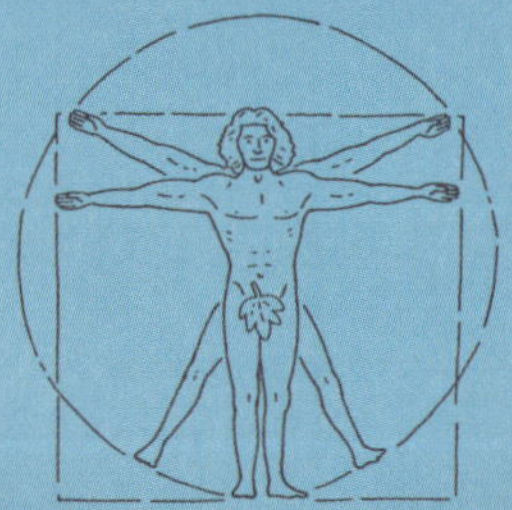

作者 | [英] 西蒙 • 阿姆斯特朗 Simon Armstrong

泰特美术馆的图书采购、作家、唱片收藏家与 DJ

绘者 | [英] 达米恩 • 维西尔 Damien Weighill

阿迪达斯，福特和《卫报》的插画师

译者 | 吕玉婵

台湾大学外文系毕业，美国耶鲁大学艺术史硕士
喜爱戏剧、文学及旅行，以笔译为生
代表译作：《微建筑》《小房子》《偷书贼》

多的是你不知道的科学知识

嘭！建筑学超有趣

产品经理 | 何　娜

装帧设计 | 陈　章

产品统筹 | 何　娜

特约印制 | 路军飞

技术编辑 | 顾逸飞

策 划 人 | 吴　畏

图书在版编目（CIP）数据

嘭！建筑学超有趣 /（英）西蒙·阿姆斯特朗著 ；（英）达米恩·维西尔绘 ；吕玉婵译. -- 昆明 ：云南美术出版社，2018.9

ISBN 978-7-5489-3274-1

Ⅰ. ①嘭… Ⅱ. ①西… ②达… ③吕… Ⅲ. ①建筑学—普及读物 Ⅳ. ①TU-49

中国版本图书馆CIP数据核字(2018)第168307号

著作权合同登记号 图字23-2018-012号

First published in the United Kingdom in 2015 by Portico,
an imprint of Pavilion Books Company Limited, 43 Great Ormond Street, London, WC1N 3HZ

责任编辑：梁 媛 汤 彦
装帧设计：陈 章
责任校对：王可心

嘭！建筑学超有趣
[英] 西蒙·阿姆斯特朗 著；[英] 达米恩·维西尔 绘；吕玉婵 译

出版发行：云南出版集团
云南美术出版社（昆明市环城西路609号）
制版印刷：北京尚唐印刷包装有限公司
开　　本：787mm×1092mm 1/16
字　　数：200千字
印　　张：7.25
印　　数：1-7,000
版　　次：2018年12月第1版
印　　次：2018年12月第1次印刷
书　　号：ISBN 978-7-5489-3274-1
定　　价：46.00元